电工技术实践教程

（第2版）

孟祥贵　李　季　编著
邱晓天　王　伟

国防科技大学出版社
·长沙·

图书在版编目（CIP）数据

电工技术实践教程/孟祥贵等编著. —2 版. —长沙：国防科技大学出版社，2017.8
ISBN 978 – 7 – 5673 – 0497 – 0

Ⅰ.①电… Ⅱ.①孟… Ⅲ.①电工技术—高等学校—教材 Ⅳ.①TM

中国版本图书馆 CIP 数据核字（2017）第 140342 号

国防科技大学出版社出版发行
电话：（0731）84572640 邮政编码：410073
http：//www.gfkdcbs.com
责任编辑：袁 媛 责任校对：熊立桃
新华书店总店北京发行所经销
国防科学技术大学印刷厂印装
*

开本：787×1092 1/16 印张：12.5 字数：296 千
2008 年 9 月第 1 版 2017 年 8 月第 2 版第 1 次印刷 印数：1 - 5000 册
ISBN 978 – 7 – 5673 – 0497 – 0
定价：28.00 元

前　言

《电工技术实践教程》（第 2 版）是根据电工技术系列课程实验教学的要求，在 2008 年版《电工技术实践教程》的基础上，结合国防科技大学电工技术实验室近年来的建设成果和教学实践修订而成。是普通高等教育"十三五"规划教材《电工与电路基础》的实验配套教材。它以全新设计的电工综合实验平台为硬件基础，以自主开放的实验环境为支撑，在完善电工基础性实验的同时，加强了电工综合性实验和虚拟性实验的内容设计，力求增强电工实验的开放性、创新性和实用性，使学生更好地掌握电工电子技术的基本技能，并为后续课程的学习奠定良好的基础。

全书共分五章，内容由浅入深，由基本的电工实验过渡到综合设计性实验，并单独设立了虚拟仿真实验章节，便于学生采用虚实结合的实验手段完成实验任务、检验实验结果。第一章对电工测量的基础知识、电工仪表的基础知识以及电工实验的目的和要求进行了概述。第二章介绍了电流表、电压表、功率表、万用表、兆欧表、交流毫伏表、示波器、信号发生器和直流稳压电源等常用电工仪器仪表的基本原理和使用方法。第三章设计编写了 18 个电工基础性实验，各实验项目具有相对的独立性，实验老师可根据教学大纲的不同要求进行选择，以培养和提高学生的基本实践技能。第四章对电工虚拟实验中 NI Multisim 虚拟电子工作平台进行了详细说明，通过实例介绍了这一常用的电子设计自动化（EDA）软件在电路仿真分析中的作用。针对学生如何使用仿真软件、如何在电路设计时采用虚拟仿真的形式进行部分或全部的系统设计和验证编写了 10 个实验。第五章提供了电工仪表的设计、电工元件参数的测量、数模转换器的设计和放大电路的设计等 8 个电工综合性实验，着重培养和提高学生对电工与电路基础知识的综合运用能力。附录 A 对电工综合实验平台进行了介绍；附录 B 收录了常用电工元件与设备的图片，强调实践从认知开始；附录 C 介绍了电阻和电容的辨识方法，以备必要时查阅。

本教材特点：

1. 精炼了基础实验内容，增强了基础实验的可操作性和自主性。所编写的 18 个基础实验均经过了反复的试做和参数修改，使实验要求更加细致明确，思考题更加注重知识点的综合应用。

2. 加强了虚拟实验内容。在近几年实践教学和实践创新活动指导过程中发现，学生在虚拟实验方面缺乏针对性训练，所以在编写中增加了有针对性的虚拟实验内容，在实验手段上实现了虚实结合。

3. 拓展了综合实践部分的内容。所编写的 8 个实验项目均有一定的难度和综合程度，有基于电工与电路基础的综合设计和应用，如电工元件参数的测量；也有对电工技术前沿知识的了解和探索，如忆阻器的设计；还有结合学科竞赛学生们感兴趣的虚拟仪器的设计，如虚拟数字万用表的设计。这些内容是对近几年学生创新项目的选择、归纳和总结，注重的是学生设计能力和自主创新能力的培养。

本书由孟祥贵、李季、邱晓天、王伟共同编写，其中第一、二、四章由邱晓天、王伟编写，第三章由李季编写，第五章由孟祥贵编写。李季、王伟负责全书的统稿工作。王伟和邱晓天承担了基础实验部分的试做、资料收集、文档录入和插图绘制工作。

本书是我们电路与测试技术实验室多年实践教学工作的总结，在编写过程中得到了国防科技大学机电工程与自动化学院潘孟春教授、王光明副教授的帮助，提出了许多宝贵的意见，在此表示感谢。

由于作者水平所限，书中一定存在不少错误及疏漏，恳请读者提出批评和指正。

作 者
2017年6月

目 录

第一章 电工实验基础知识 ……………………………………………（1）
  1.1 电工实验课程概述 …………………………………………（1）
    1.1.1 课程目的 ………………………………………………（1）
    1.1.2 课程主要环节及要求 …………………………………（2）
    1.1.3 实验安全操作规程 ……………………………………（3）
    1.1.4 实验故障原因与排查 …………………………………（3）
  1.2 电工测量基础知识 …………………………………………（5）
    1.2.1 电工测量的内涵 ………………………………………（5）
    1.2.2 电工测量的误差 ………………………………………（6）
    1.2.3 测量数据的处理 ………………………………………（8）
  1.3 电工仪表基础知识 …………………………………………（9）
    1.3.1 电工仪表的原理 ………………………………………（9）
    1.3.2 常用电工仪表的分类和符号表示 ……………………（13）
    1.3.3 电工仪表的准确度 ……………………………………（14）
    1.3.4 电工仪表的使用原则 …………………………………（15）

第二章 常用电工仪器仪表 ……………………………………………（18）
  2.1 直流稳压电源 ………………………………………………（18）
    2.1.1 技术参数 ………………………………………………（19）
    2.1.2 使用方法 ………………………………………………（19）
  2.2 函数信号发生器 ……………………………………………（20）
    2.2.1 技术参数 ………………………………………………（21）
    2.2.2 使用方法 ………………………………………………（21）
  2.3 示波器 ………………………………………………………（24）
    2.3.1 技术参数 ………………………………………………（24）
    2.3.2 使用方法 ………………………………………………（25）
  2.4 交流毫伏表 …………………………………………………（29）
    2.4.1 技术参数 ………………………………………………（29）
    2.4.2 使用方法 ………………………………………………（30）
  2.5 直流电流表、电压表 ………………………………………（31）

  2.5.1　技术参数 …………………………………………………………（31）
  2.5.2　使用方法 …………………………………………………………（32）
 2.6　功率表 ……………………………………………………………………（33）
  2.6.1　技术参数 …………………………………………………………（34）
  2.6.2　使用方法 …………………………………………………………（35）
 2.7　万用表 ……………………………………………………………………（37）
  2.7.1　MF47 型万用表 ……………………………………………………（37）
  2.7.2　UT52 型数字万用表 ………………………………………………（40）

第三章　电工与电路基础实验 ……………………………………………（45）

 实验一　常用电工仪表的使用与测量误差的计算 …………………………（45）
 实验二　电路元件伏安特性的测试 …………………………………………（48）
 实验三　基尔霍夫定律的验证 ………………………………………………（53）
 实验四　线性电路特性的研究 ………………………………………………（56）
 实验五　线性有源二端网络等效参数的测定 ………………………………（59）
 实验六　受控源的实验研究 …………………………………………………（65）
 实验七　一阶电路暂态特性的研究 …………………………………………（70）
 实验八　二阶电路暂态特性的研究 …………………………………………（74）
 实验九　交流电路阻抗特性的判别与等效参数的测定 ……………………（77）
 实验十　交流电路功率测量及功率因数的提高 ……………………………（81）
 实验十一　电路频率特性的研究 ……………………………………………（86）
 实验十二　RLC 串联谐振电路的研究 ………………………………………（89）
 实验十三　三相电路的研究 …………………………………………………（93）
 实验十四　单相铁芯变压器特性的测试 ……………………………………（97）
 实验十五　互感电路特性观测 ………………………………………………（101）
 实验十六　二端口网络测试 …………………………………………………（105）
 实验十七　回转器 ……………………………………………………………（109）
 实验十八　负阻抗变换器 ……………………………………………………（112）

第四章　电工仿真实验 ……………………………………………………（116）

 4.1　NI Multisim 软件简介 ……………………………………………………（116）
 4.2　NI Multisim 的基本操作 …………………………………………………（117）
  4.2.1　Multisim 的软件界面 ……………………………………………（117）
  4.2.2　Multisim 基本电路的创建 ………………………………………（119）
  4.2.3　Multisim 虚拟仪器仪表的使用 …………………………………（121）
 4.3　NI Multisim 电路分析方法 ………………………………………………（126）
  4.3.1　直流工作点分析 …………………………………………………（126）
  4.3.2　交流分析 …………………………………………………………（128）

  4.3.3 暂态分析 ……………………………………………………（131）
 实验一 电路元件伏安特性的测绘与仿真 ………………………（134）
 实验二 基尔霍夫定律的验证与仿真 …………………………（137）
 实验三 电压源和电流源的等效变换仿真 ………………………（139）
 实验四 最大功率传输条件测定与仿真 …………………………（140）
 实验五 一阶 RC 电路的仿真 ………………………………（142）
 实验六 交流电路功率及功率因数的测定与仿真 ………………（144）
 实验七 RLC 串联谐振电路的仿真 …………………………（146）
 实验八 互感电路的仿真 …………………………………（149）
 实验九 三相电路的仿真 …………………………………（151）
 实验十 二端口网络参数测量与仿真 …………………………（153）

第五章 电工综合性实验 ……………………………………（158）

 实验一 简易万用表的设计组装 ……………………………（158）
 实验二 电工元件参数的测量 ………………………………（161）
 实验三 阻抗变换电路的设计 ………………………………（167）
 实验四 等效忆阻器的设计与实现 …………………………（168）
 实验五 低通滤波器的设计与制作 …………………………（170）
 实验六 电压超限指示和报警电路的设计 ……………………（171）
 实验七 基于 LabVIEW 的虚拟数字万用表的设计 ……………（172）
 实验八 数模转换器的设计 …………………………………（174）

附录 A KDTH-1 型电工综合实验平台 …………………………（178）

附录 B 常用电工元件与设备 ……………………………………（181）

附录 C 电阻、电容的辨识 ………………………………………（189）

参考文献 …………………………………………………………（191）

第一章 电工实验基础知识

电工学实验在培养学生的实践能力过程中起着承上启下的作用。本章主要介绍电工实验的基础知识,对电工实验课程进行了概述,阐述了电工测量的基础知识,包括测量的内涵、误差及数据处理方法,最后对电工仪表的基础知识,包括常用电工仪表的原理、分类、表示、准确度和使用原则进行了介绍。这些知识既对电工学实验有指导意义,也对以后的工作有所帮助。

1.1 电工实验课程概述

1.1.1 课程目的

电工技术实验不仅是对电工技术理论教学的补充,更是对电工技术应用的了解和掌握,是电工技术课程教学中十分重要、不可缺少的环节。实验教学遵循"以人为本、兴趣牵引实验、实验带动创新"的教学理念,主要按照基础、实训、创新三个层次来开展,着力培养学生的电气工程学科素养,打牢强电理论和应用基础,使学生掌握常用电工仪器仪表(覆盖数字、模拟和虚拟仪表三种仪器仪表形态)的使用方法、掌握基本电量的测量方法、加强对电路基本定律和定理的理解、加深对典型电路拓扑结构及其过程和状态的认识,掌握常用电路仿真软件的使用方法,提高利用电路理论和仿真工具分析、解决实际问题的能力,培养学生良好的实践操作技能和在实践中学习的能力,激发学生训练技能、探求知识和培育创新的兴趣。在实验过程中培养学生尊重科学、重视实践和实事求是的学习态度,培养独立分析问题和解决问题的能力。

电工实验课程有以下目的:
① 掌握基础的电工实验理论,训练基本的电工实验技能。
② 用实验的方法验证电路基本理论,以巩固和加深对理论的学习和理解。
③ 培养运用理论来分析、处理实际问题的能力。
④ 培养实事求是、严肃认真、踏实细致的科学作风和良好的实验习惯。
⑤ 掌握借助虚拟仿真工具对实验进行设计、验证和分析的方法。

通过电工实验,学生应在实验技能方面具体达到以下要求:
① 能够鉴别常用的电子元器件,熟练掌握示波器、信号发生器、直流稳压电源、万用表、电流表、电压表、交流毫伏表等常用电工仪器仪表和相关实验平台、实验系统

的使用方法。

② 能够根据仪器仪表自身特性、外接电路特点或工程实际需要正确选用合适的仪器仪表。

③ 在实验操作过程中能够掌握正确的电路连线技能，使之布局合理、调试方便；能够判断电路的正常工作状态及故障现象，分析故障出现的原因并排除；能够认真观察和分析实验现象，科学严谨地采集、记录原始数据并分析，最后得到有论据支持的实验结论。

④ 验证性实验能够按照要求完成实验内容，分析并理解实验现象；综合性、设计性实验，能够进一步发挥积极性、主动性，根据实验任务和要求，主动查找课内外相关资料，思考、设计、优化实验方案并合理实现。

⑤ 能够在实验结束后撰写规范的实验报告，进而提高撰写科学报告的能力。

⑥ 了解电路仿真软件 Multisim，能够利用 Multisim 搭建模拟电路进行仿真实验。通过 Multisim 提供的各项功能和分析方法观察实验现象，对比课堂实践结果，提高实验分析和研究的能力。

1.1.2 课程主要环节及要求

电工实验课程一般分为实验预习、实验过程、撰写实验报告三个环节。

1. 实验预习

为了提高实验效率、减少实验盲目性，使实验顺利进行并达到预期效果，实验前应该认真预习并做好充分准备，包括：

① 认真阅读实验指导书，复习相关理论知识，明确实验目的、任务，了解实验原理以及具体实验内容和要解决的问题、需观察的现象、要测量的数据，明确采用的方法和正确的操作步骤等。

② 熟悉仪器、仪表、设备的工作原理、技术性能及使用方法、条件和注意事项。

③ 认真阅读实验室安全操作规程及实验室学生守则。

④ 设计好实验待测数据的记录表格，预先计算待测量的理论数值。理论计算值作为仪器仪表量程的选择依据，又可在实验中与测量值进行比较。

⑤ 按照每个实验具体预习要求采用仿真工具进行虚拟实验，记录、分析实验数据，以便与实际实验结果作比较。

2. 实验过程

实验操作过程是电工实验课程的主体，具体要做到：

① 在预习的基础上认真听老师的讲解，明确实验内容及操作步骤，特别要注意测试条件及安全事项的讲解。切忌不懂装懂，胡乱操作，造成不必要的人身及设备安全事故。

② 使用仪器、仪表时应按照正确的使用方法操作。

③ 按照实验要求连接电路。接线时，按照电路图先接主要串联电路（由电源的一端开始顺次而行，再回到电源的另一端），然后再连接分支电路，保持整体美观整洁，

应尽量避免连接头过于集中。连线完毕后，经自查无误后才能接通电源。按照实验指导书上的步骤逐步操作，注意观察每个仪表指示是否正常，如有异常应立即断电检查，待排除故障后继续实验。数据可先记录在草稿纸上再行誊抄，要尊重原始记录，不得抄袭涂改，也不能以仿真数据代替实验数据。

④ 完成规定的实验内容后，不要急于拆除线路，应该先核查实验数据是否有遗漏或不合理的情况，再经老师复查，对老师指出的错误应及时纠正，验收后才可拆线。

⑤ 实验结束后做好仪器设备、桌椅、环境的清洁规整工作，经老师同意后才可离开实验室。

3. 撰写实验报告

实验报告是实验过程的全面总结，是在实验的定性观察和定量测量后，对数据进行整理和分析，去伪存真、由此及彼，根据实验现象和结果得出正确的结论。这一过程对提高学习能力和工作能力是十分重要的。实验报告撰写要求：

① 注意文理通顺、简明扼要、字迹端正、图表清晰、分析合理、结论正确。书写格式应该规范化，采用统一的实验报告用纸。

② 需要画图时，应该按照实验具体要求画在坐标纸或报告纸上并做好相应标注。

③ 态度端正、杜绝抄袭编造实验数据、分析或结论，禁止以仿真数据替代实验数据。

1.1.3 实验安全操作规程

为了在实验中培养学生严谨求实的科学作风、确保人身安全和设备安全，顺利完成实验教学任务，要求学生进入实验室遵循以下规程：

① 实验前，由老师对学生进行安全教育。

② 实验时，人体严禁接触带电线路。

③ 严禁带电接线、拆线、改线。

④ 严禁擅自操作总电源或控制台电源的接通与闭合。

⑤ 仪器设备应有良好的接地，各实验台的仪器设备未经许可不得随意挪动，非本次实验所用仪器设备未经老师许可不得随意动用，必要时移动仪器须轻拿轻放。

⑥ 严禁违反仪器设备操作规范。使用仪器开关、旋钮切忌用力过猛，以免损坏。注意不得超过仪表的量程和设备额定值。

⑦ 欲增加或改变实验内容需事先征得老师同意才可进行，尤其是强电实验内容。

⑧ 万一发生人身触电事故应保持沉着冷静。首先立即切断电源，使触电者迅速脱离电源并及时施救。如离电源开关较远，应用绝缘工具将电源线切断，使触电者立即脱离电源，并采取必要的急救措施。保持现场并及时向上级报告。

1.1.4 实验故障原因与排查

在实验过程中，不可避免会出现各种故障现象，学生通过对电路简单故障的分析、检查与排除逐步提高分析和解决问题的能力。一般常见的电路故障原因有以下几个方面：

1. **仪器仪表设备故障或使用不当**

① 仪器仪表自身工作状态不稳定或损坏。
② 超出仪器仪表正常工作范围。
③ 仪器旋钮松动，偏离正常位置。

2. **器件损坏或连接故障**

① 元器件自身损坏。
② 电路连接点接触不良或导线内部断线。
③ 元器件、导线裸露部分相碰造成短路。
④ 同一系统中多点接地。
⑤ 线路布局不合理，电路内部或外部环境产生干扰。

3. **设计错误**

① 错误选择仪器仪表或元器件。
② 错误使用仪器仪表等设备。
③ 错误连接电路。
④ 采用错误的实验方法。

了解电路故障原因后应该进行查找排除，故障排查的方法很多，一般是根据故障原因确定部位，缩小范围，再在范围内逐点检查，最后找到故障点并予以排除。下面介绍几种简单实用的借助万用表的排查方法：

① 断电观察法

实验中出现电阻、变压器烧坏，电容炸裂，电表卡针，电路断线等故障时，通过直接断电观察往往能很快找出电路损坏部分，如过度发热、烧黑等。更换器件时，不能单纯只调换已损坏器件，还应进一步对照电路图分析损坏的原因，彻底排除故障才可再次通电。

② 断电测量电阻法

如果仅凭观察不易发现问题，可利用万用表欧姆挡逐个测试各元器件是否损坏或与标称值不符，插件是否接触不良，导线是否断线或短路，电容、二极管是否被击穿等。该类故障多发生在具有高电压、大电流及含有有源器件的电路中。如电路中某两点间应该导通（或电阻极小），而万用表测出是开路（或电阻很大），则故障必在此两点间。

③ 通电测电压法

在电路故障通电不具破坏性且电路工作电压不高（200V以下）的情况下，可用万用表电压挡通电进行故障检测。先检测电源是否有电压，若有则继续沿着信号流的方向顺序检查各元件、支路是否有正常压降，如电路中某两点间应该有电压而测不出，那么故障必在此两点间。

1.2 电工测量基础知识

1.2.1 电工测量的内涵

1. 基本概念及对象

测量是人们对自然界中客观事物取得数量的一种认识过程。电工测量就是借助测量设备,把未知的电量或磁量与作为测量单位的同类标准电量或标准磁量进行比较,从而确定这个未知电量或磁量(包括数值和单位)的过程。

电工测量的对象主要是反映电和磁特征的物理量,如电流(I)、电压(U)、电功率(P)、电能(W)以及磁感应强度(B)等;反映电路特征的物理量,如电阻(R)、电容(C)、电感(L)等;反映电和磁变化规律的非电量,如频率(f)、相位(φ)、功率因数($\cos\varphi$)等。

2. 测量方式

根据获得测量结果的不同,测量方式分为直接测量、间接测量和组合测量。

(1) 直接测量

将被测量与同类标准量进行比较,或直接用事先刻度好的测量仪器对被测量进行测量,从而直接获得被测量的数值的方法称为直接测量。例如,用电压表测量电压、用电度表测量电能以及用直流电桥测量电阻等。

(2) 间接测量

测量中,通过直接测量与被测量有一定函数关系的物理量,然后按函数关系计算出被测量的数值,从而间接获得测量结果的方法称为间接测量。例如,用伏安法测量电阻,可用电压表和电流表分别测量出该电阻两端的电压和通过它的电流,然后根据欧姆定律 $R = U/I$ 计算出被测电阻 R 的值。间接测量常用于被测量缺少直接测量条件、直接测量不方便或直接测量误差大等情况。

(3) 组合测量

组合测量是在直接测量和间接测量所得到的实验数据基础之上,通过联立求解各函数关系方程,从而求出被测量大小。

3. 测量方法

在测量过程中,作为测量单位的度量器可以直接参与也可以间接参与。根据度量器参与测量过程的方式,可以把测量方法分为直读法和比较法。

(1) 直读法

用直接指示被测量大小的指示仪表进行测量,能够直接从仪表刻度盘上读取被测量数值的测量方法,称为直读法。直读法测量时,度量器不直接参与测量过程。例如,用欧姆表测量电阻时,没有直接使用标准电阻与被测电阻进行比较,而是根据欧姆表指针在刻度尺上的位置直接读取被测电阻数值。在此过程中,因为欧姆表的刻度标尺事先用标准电阻进行了校验,标准电阻已将它的量值和单位传递给欧姆表,间接地参与了测量过程。直读法测量的过程简单,操作容易,读数迅速,但其测量的准确度不高。

(2) 比较法

将被测量与度量器在比较仪器中直接比较,从而获得被测量数值的方法,称为比较法。在比较法中,度量器直接参与测量过程。例如,用天平测量物体质量时,作为质量度量器的砝码始终都直接参与了测量过程。在电工测量中,比较法具有很高的测量准确度,可以达到±0.001%,但测量时操作比较麻烦,相应的测量设备也比较昂贵。根据被测量与度量器进行比较时的不同特点又可将比较法分为平衡法、较差法和替代法三种。

① 平衡法(零值法)

在测量过程中,连续改变标准量,使它产生的效应与被测量产生的效应抵消或平衡,这种方法称为平衡法。由于在平衡时指示器指零,所以又称为零值法。例如,用电桥和电位差计进行测量就是应用平衡法原理。显然,平衡法测量的准确度主要取决于度量器的准确度和指零仪表的灵敏度。

② 较差法(微差法)

通过测量被测量与标准量的差值,或正比于该差值的量,根据标准量来确定被测量的数值的方法称为较差法。较差法可以达到较高的测量准确度。

③ 替代法

分别把被测量和标准量接入同一测量仪器,在标准量替代被测量的情况下调节标准量使测量装置的工作状态在替代前后保持不变,然后根据标准量来确定被测量的数值。由于替代前后仪器的工作状态是一样的,因此仪器本身性能和外界因素对替代前后的影响几乎是相同的,有效地克服了所有外界因素对测量结果的影响。

1.2.2 电工测量的误差

1. 误差的表示方法

误差是指示值与真值的偏离程度。由于制造工艺的限制及测量时外界环境因素和操作人员因素的影响,误差是不可避免的。常用的误差表示方法有以下几种。设测量值(示值)为 A_x,被测量真实值(真值)为 A_0,则

绝对误差:

$$\Delta A = A_x - A_0$$

相对误差:

$$\gamma = \frac{\Delta A}{A_0} \times 100\%$$

示值误差:

$$\gamma_x = \frac{\Delta A}{A_x} \times 100\%$$

引用误差:

$$\gamma_m = \frac{\Delta A}{A_m} \times 100\%$$

式中，A_m 为仪表量限即满标度值。

2. 测量误差的分类与消除

（1）误差的分类

根据产生测量误差的原因，可以将其分为系统误差、偶然误差和粗大误差三大类。

① 系统误差

能够保持恒定不变或按照一定规律变化的测量误差，称为系统误差。系统误差主要是由测量设备、测量方法的不完善和测量条件的不稳定而引起的。由于系统误差表示了测量结果偏离其真实值的程度，即反映了测量结果的准确度，所以在误差理论中，经常用准确度来表示系统误差的大小。系统误差越小，测量结果的准确度就越高。

② 偶然误差

偶然误差又称随机误差，是一种大小和符号都不确定的误差，即在同一条件下对同一被测量重复测量时，各次测量结果服从某种统计分布。这种误差的处理依据概率统计方法。产生偶然误差的原因很多，如温度、磁场、电源频率等的偶然变化等都可能引起这种误差；另一方面观测者本身感官分辨能力的限制，也是偶然误差的一个来源。偶然误差反映了测量的精密度，偶然误差越小，精密度就越高，反之则精密度越低。

系统误差和偶然误差是两类性质完全不同的误差。系统误差反映在一定条件下误差出现的必然性；而偶然误差则反映在一定条件下误差出现的可能性。

③ 粗大误差

测量过程中操作、读数、记录和计算等方面的错误所引起的误差，称为粗大误差。显然，凡是含有粗大误差的测量结果都是应该摈弃的。

（2）误差的消除

测量误差是不可能绝对消除的，但要尽可能减小误差对测量结果的影响，使其减小到允许的范围内。消除测量误差，应根据误差的来源和性质，采取相应的措施和方法。一个测量结果中既存在系统误差，又存在偶然误差，要截然区分两者是不容易的。所以应根据测量的要求和两者对测量结果的影响程度，选择消除方法。一般情况下，在对精密度要求不高的工程测量中，主要考虑对系统误差的消除；而在科研、计量等对测量准确度和精密度要求较高的测量中，必须考虑同时消除上述两种误差。

① 系统误差的消除

对测量仪表进行校正：在准确度要求较高的测量结果中，引入校正值进行修正。

消除产生误差的根源：正确选择测量方法和测量仪器，尽量使测量仪表在规定的使用条件下工作，消除各种外界因素造成的影响。

采用特殊的测量方法：如正负误差补偿法、替代法等。例如，用电流表测量电流时，考虑到外磁场对读数的影响，可以把电流表转动180°，进行两次测量。在两次测量中，必然出现一次读数偏大，而另一次读数偏小，取两次读数的平均值作为测量结果，其正负误差抵消，可以有效地消除外磁场对测量的影响。

② 偶然误差的消除

消除偶然误差可采用在同一条件下，对被测量进行足够多次的重复测量，取其平均值作为测量结果的方法。根据统计学原理可知，在足够多次的重复测量中，正误差和负误差出现的可能性几乎相同，因此偶然误差的平均值几乎为零。所以，在测量仪器仪表选定以后，测量次数是保证测量精密度的前提。

1.2.3 测量数据的处理

1. 有效数字

由于在测量过程中不可避免地存在着一定的误差，并且仪表的分辨能力有一定的限制，因此测量数据通常用近似数表示，这就涉及有效数字问题。有效数字是指从最左边第一个非零的数字开始，直到右边最后一个数字为止的所有数字。例如，测得的频率为 0.0246MHz，它是由 2、4、6 三个有效数字组成的频率值，左边两个 0 不是有效数字。

（1）有效数字的舍入规则

为使正、负舍入误差出现的机会大致相等，现已广泛采用"小于 5 舍，大于 5 入，等于 5 时取偶数"的舍入规则。

① 若保留 n 位有效数字，当后面的数值小于第 n 位的 0.5 单位就舍去。

② 若保留 n 位有效数字，当后面的数值大于第 n 位的 0.5 单位就在第 n 位数字上加 1。

③ 若保留 n 位有效数字，在后面的数值恰为第 n 位的 0.5 单位，则当第 n 位数字为偶数 0、2、4、6、8 时，应舍去后面的数字（即末位不变）；当第 n 位数字为奇数 1、3、5、7、9 时，第 n 位数字应加 1（即将末位凑成为偶数）。这样，由于舍入概率相同，当舍入次数足够多时，舍入的误差就会抵消。同时，这种舍入规则使有效数字的尾数为偶数的机会增多，能被除尽的机会比尾数为奇数的多，有利于准确计算。

（2）有效数字的运算规则

当测量结果需要进行中间运算时，有效数字的取舍原则上取决于参与运算的各数中精度最差的那一项。一般应遵循以下运算规则：

① 当几个近似值进行加减运算时，在各数中（采用同一计算单位），以小数点后位数最少的那一个数（如无小数点，则为有效位数最少者）为准，其余各数均舍入至比该数多 1 位，而计算结果所保留的小数点后的位数，应与各数中小数点后位数最少者的位数相同。

② 进行乘除运算时，在各数中，以有效数字位数最少的那一个数为准，其余各数及积（或商）均舍入至比该数多 1 位，而与小数点位置无关。

③ 将数平方或开方后，结果可比原数多保留 1 位。

④ 用对数进行运算时，n 位有效数字的数应该用 n 位对数表。

⑤ 若计算式中出现如 e、π、$\sqrt{3}$ 等常数时，可根据具体情况来决定它们应取的位数。

2. 数据处理

从经误差分析和有效数字运算等处理后所得到的实验记录中，有时并不能看出实验规律或结果，因此必须对这些实验数据进行整理、计算和分析，才能从中找出实验规律，得出实验结果，这个过程称为实验数据处理。处理方法主要有表格处理和图示处理。

（1）表格处理

表格处理是将实验数据按某种规律列成表格，是工程中常用的方法。采用表格法时要注意以下几点：

① 列项要全面合理，数据充足，便于进行观察比较和分析计算、作图等。

② 列项要清楚准确地标明被测量的名称、数值、单位以及前提条件、状态和需观察的现象等。

③ 应先计算出理论值，以便在测量过程中进行对照比较。

④ 在记录原始数据的同时要记录条件和现象，并注意有效数字的选取。

（2）图示处理

图示处理可以更直观地看出各量之间的关系和函数的变化规律。通常用的是直角坐标法，一般用横坐标表示自变量，纵坐标表示因变量。将各实验数据描绘成曲线时，应参照理论分析的依据，不要画成折线，而应对数据点正确取舍，使最后连成为一条平滑的曲线。采用图示处理时要注意：

① 必须采用坐标纸。曲线图幅度大小要适当，一般不要小于实验报告纸的1/4，比例要合适。

② 必须标出实验数据点。为了防止在同一坐标图中有不同的几条曲线的数据相互混淆，各数据点可以分别采用"＊"或"·"等不同的符号标出。

③ 要选择好测试点。为了使曲线更接近实际，能正确完整地反映函数关系的特点，要正确选择测试点。如对极值点、特征点或拐点应多选一些测试点，对线性变化的区域则可少选些测试点。

1.3 电工仪表基础知识

1.3.1 电工仪表的原理

电工测量中常用的指针式仪表按照工作原理有磁电式、电磁式、电动式三种。这些仪表的结构虽然不同，但工作原理却是相同的，都是利用电磁现象使仪表的可动部分受到电磁转矩的作用而转动，从而带动指针偏转来指示被测量的大小。直读式仪表之所以能测量各种电量的根本原理，主要是利用仪表中通入电流后产生电磁作用，使可动部分受到转矩而发生转动，转矩与通入的电流之间存在一定的关系。

为了使仪表可动部分的偏转角 α 与被测量成一定比例，必须有一个与偏转角成比例的阻转矩 T_C 来与转矩 T 相平衡，即

$$T = T_C$$

这样才能使仪表的可动部分平衡在一定位置，从而反映出被测量的大小。

此外，当仪表开始通电或被测量发生变化时，仪表的可动部分由于惯性不能马上达到平衡，而要在平衡位置附近经过一定时间的振荡才能静止下来。为了使仪表的可动部分迅速静止在平衡位置，以缩短测量时间，还需要有一个能产生制动力（阻尼力）的装置，称为阻尼器。阻尼器只在指针转动过程中才起作用。

通常的直读式仪表主要是由产生转矩的部分、产生阻转矩的部分和阻尼器三个部分组成的。

1. 磁电式仪表

磁电式仪表的工作原理：直流电流 I 通过可动线圈时，线圈与磁场相互作用使线圈产生转动力矩，带动指针偏转。指针偏转后扭紧弹簧游丝，使游丝产生反抗力矩。当反抗力矩和转动力矩相平衡时，线圈和指针便停止偏转。由于在线圈转动的范围内磁场均匀分布，因此线圈的转动力矩与电流的大小成正比。又由于游丝的反抗力矩与线圈的偏转角 α 成正比，所以仪表指针的偏转角与流过线圈的电流的大小成正比，即

$$\alpha = KI$$

所以，磁电式仪表标尺上的刻度是均匀的。磁电式仪表的构造如图 1.1 所示。

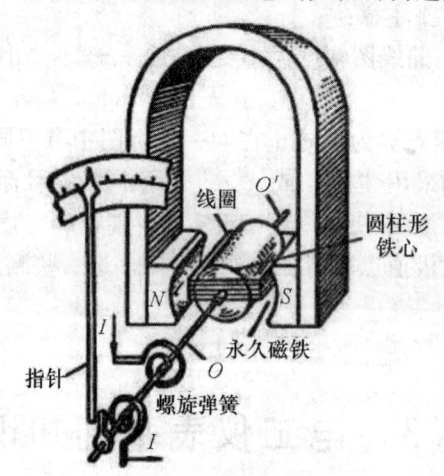

图 1.1　磁电式仪表

磁电式仪表的优点：刻度均匀、灵敏度高、准确度高、消耗功率小、受外界磁场影响小等。缺点：结构复杂、造价较高、过载能力小，而且只能测量直流，不能测量交流。

使用注意事项：电表接入电路时要注意极性，否则指针反打会损坏电表。通常磁电式仪表的接线柱旁均标有"＋""－"记号，以防接错。

2. 电磁式仪表

电磁式仪表的工作原理：线圈通入电流 I 时产生磁场，使其内部的固定铁片和可动铁片同时被磁化。由于两铁片同一端的极性相同，因此两者相斥，致使可动铁片受到转动力矩的作用，从而通过转轴带动指针偏转。当转动力矩与游丝的反抗力矩相平衡时，

指针便停止偏转。

由于作用在铁心上的电磁力与空气隙中磁感应强度的平方成正比，磁感应强度又与线圈电流成正比，因此仪表的转动力矩与电流的平方成正比。又由于游丝的反抗力矩与线圈的偏转角 α 成正比，所以仪表指针的偏转角与线圈电流的平方成正比，即

$$\alpha = KI^2$$

所以，电磁式仪表标尺上的刻度是不均匀的。电磁式仪表的构造如图 1.2 所示。

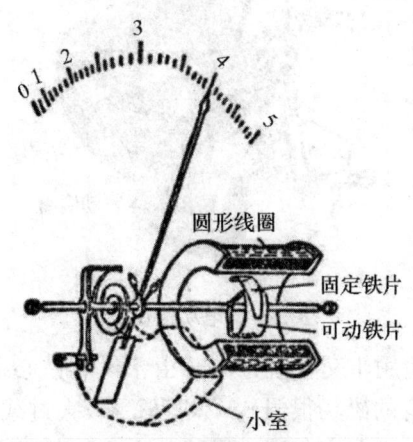

图 1.2 电磁式仪表

电磁式仪表的优点：构造简单、价格低廉，可用于交直流，能测量较大电流和允许较大的过载。缺点：刻度不均匀，易受外界磁场（本身磁场很弱）及铁片中磁滞和涡流（测量交流时）的影响，因此准确度不高。这种仪表常用来测量交流电压和电流。

3. 电动式仪表

电动式仪表的工作原理：固定线圈中通入直流电流 I_1 时产生磁场，磁感应强度 B_1 正比于 I_1。如果可动线圈通入直流电流 I_2，则可动线圈在此磁场中就要受到电磁力的作用而带动指针偏转，电磁力 F 的大小与磁感应强度 B_1 和电流 I_2 成正比，直到转动力矩与游丝的反抗力矩相平衡时，才停止偏转。仪表指针的偏转角 α 与两线圈电流的乘积成正比，即

$$\alpha = KI_1I_2$$

对于线圈通入交流电的情况，由于两线圈中电流的方向均改变，因此产生的电磁力方向不变，这样可动线圈所受到转动力矩的方向就不会改变。设两线圈的电流分别为 i_1 和 i_2，则转动力矩的瞬时值与两个电流瞬时值的乘积成正比。而仪表可动部分的偏转程度取决于转动力矩的平均值，由于转动力矩的平均值不仅与 i_1 及 i_2 的有效值成正比，而且还与 i_1 和 i_2 相位差 φ 的余弦成正比，因此电动式仪表用于交流时，指针的偏转角 α 与两个电流的有效值及两电流相位差的余弦成正比。即

$$\alpha = KI_1I_2\cos\varphi$$

电动式仪表的构造如图 1.3 所示。它有两个线圈：固定线圈和可动线圈。后者与指针及空气阻尼器的活塞都固定在转轴上。和磁电式仪表一样，可动线圈中的电流也是通

过螺旋弹簧引入的。

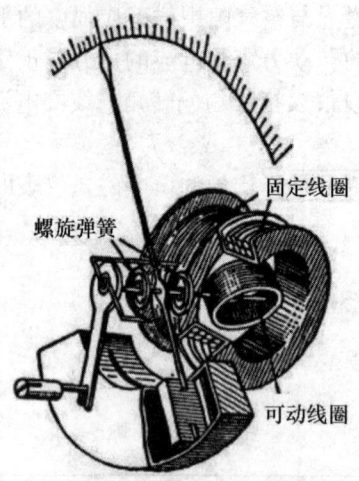

图1.3 电动式仪表

电动式仪表的优点：适用于交直流，同时由于没有铁心，所以准确度较高。缺点：受外界磁场的影响大（本身的磁场很弱），不能承受较大过载（理由见磁电式仪表）。

电动式仪表可用在交流或直流电路中测量电流、电压及功率等。

为了便于读者了解磁电式、电磁式和电动式仪表，表1.1中比较了三种仪表的技术特性。

表1.1 三种类型仪表的性能

		磁电式	电磁式	电动式
测量基准量		直流或交流的恒定分量	交流有效值或直流	交流有效值或直流（并可测交、直流功率、相位、频率）
使用频率范围		振动式检流计使用工频为45~55Hz	一般用于50Hz/60Hz，频率变化误差增大	一般用于50Hz/60Hz
准确度		高的可达0.1~0.05级 一般为0.5~1.0级	一般为0.5~2.5级	高的同磁电式
量限	电流	几μA~几十A	几mA~100A	几十mA~几十A
	电压	几mV~1kV	10V~1kV	10V~几百V
防御外磁场能力		强	弱	弱
分度特性		均匀	不均匀	不均匀（作功率表均匀）
价格		贵	便宜	最贵
主要应用范围		作直流电表	作板式电表及一般用途的交流电表	作交、直流标准表
型号首字母		C	T	D

1.3.2 常用电工仪表的分类和符号表示

电工仪表的种类很多，主要按以下几个方面分类：

① 按测量原理可分为磁电系、电磁系、电动系、感应系、静电系、整流系、热电系、电子系等。

② 按测量对象可分为电流表（安培表、毫安表、微安表）、电压表（伏特表、毫伏表等）、功率表（又称瓦特表）、电能表、欧姆表、兆欧表、相位表、频率表、万用表。

③ 按仪表工作电流的种类可分为直流仪表、交流仪表、交直流两用表。

④ 按仪表使用方式可分为安装式仪表（板式仪表）和可携式仪表等。

⑤ 按测量方法可分为比较法仪表和直读法仪表两种。比较法是将被测量与同类的标准量相比较，从而得出被测量的数据，如电桥、电位差计等。直读法使用的仪表称为直读仪表。

国家标准规定把仪表的结构特点、电流种类、测量对象、使用条件、工作位置、准确度等级等用不同的符号标明在仪表的刻度盘上，这些符号称为仪表的表面标记。各种符号及其所表示的意义如表 1.2 所示。选用仪表时须注意表面标记。

表 1.2 常用电工仪表的符号和意义

分类	符号	名称	被测量的种类
电流种类	—	直流电表	直流电流、电压
	~	交流电表	交流电流、电压、功率
	≃	交直流两用表	直流电量或交流电量
	3~ 或 ≈	三相交流电表	三相交流电流、电压、功率
测量对象	Ⓐ mA	安培表、毫安表	电流
	Ⓥ kV	伏特表、千伏表	电压
	Ⓦ kW	功率表、千瓦表	功率表
	kWh	千瓦时表	电能量
	φ	相位表	电位差
	f	频率表	频率
	Ω MΩ	欧姆表、兆欧表	电阻、绝缘电阻

(续表)

分类	符号	名称	被测量的种类
工作原理	∩	磁电式仪表	电流、电压、电阻
	ξ	电磁式仪表	电流、电压
	☰	电动式仪表	电流、电压、电功率、功率因数、电能量
	∩⊳	整流式仪表	电流、电压
	⊙	感应式仪表	电功率、电能量
准确度等级	1.0	1.0 级电表	以标尺量限的百分数表示
	①.5	1.5 级电表	以指示值的百分数表示
绝缘等级	⚡2kV	绝缘强度试验电压	表示仪表绝缘经过 2kV 耐压测试
工作位置	→	仪表水平放置	
	↑	仪表垂直放置	
	∠60°	仪表倾斜 60°放置	
端钮	+	正端钮	
	−	负端钮	
	±	公共端钮	
	⊥ 或 ⏚	接地端钮	

1.3.3 电工仪表的准确度

电工仪表的准确度是指测量结果（简称示值）与被测量真实值（简称真值）间相接近的程度，是测量结果准确程度的量度。定义为

$$K = \frac{\Delta A_m}{A_m} \times 100\%$$

式中 ΔA_m 为最大绝对误差，A_m 为仪表量限即满标度值。

根据国家标准《工业过程测量和控制用检测仪表和显示仪表精确度等级》（GBT 13283—2008）规定，我国生产的电测指示仪表准确度等级主要分为十一级，见表 1.3。如准确度为 2.5 级的仪表，其最大引用误差为 ±2.5%。例如：已知某电压表的量程为 150V，测量时可能发生的最大绝对误差为 1.5V，则仪表的最大引用误差为

$$K = \frac{1.5}{150} \times 100\% = 1\%$$

所以，该仪表的准确度等级为 1.0 级。

被测量比仪表量程小得越多，测量结果可能出现的最大相对误差值也越大。例如，

用1.0级量程为150V的电压表测量30V的电压,可能出现的最大相对误差为5%,而改用1.0级量程为50V的电压表测量30V的电压,可能出现的最大相对误差为1.67%。所以选用仪表的量程时应使读数在2/3量程以上,这样才能达到较好的测量效果。

表1.3 仪表准确度等级

仪表的准确度等级	最大引用误差/%
0.01	±0.01
0.02	±0.02
0.05	±0.05
0.1	±0.1
0.2	±0.2
0.5	±0.5
1.0	±1.0
1.5	±1.5
2.5	±2.5
4.0	±4.0
5.0	±5.0

1.3.4 电工仪表的使用原则

为了获得准确可靠的测量结果,在选择和使用电工仪表时,应遵循以下原则。

1. 根据待测量的需求选用仪表

首先要清楚待测量的性质。例如,待测量是电压,还必须了解它是直流电压还是交流电压,它的概略值多大以及它的频率和波形等,这时才能选用仪表。因为不论电磁系或电动系交流指示仪表,都只限于用在50Hz的正弦波,频率和波形不满足这个条件是不能用这种仪表来测量的。

仪表的准确度愈高,测量的结果也愈可靠。但是不应盲目追求使用高准确度仪表,因为仪表准确度愈高,价格就愈贵,使用条件愈严格。而且仪表的准确度并不等于测量的精度,测量精度除了与仪表的准确度有关外,还与仪表的量限选择、测量方法以及所处的环境等有关。所以要从测量的全局出发,根据工程实际对测量精度的要求,合理地选择仪表。

2. 根据仪表的工作条件正确使用仪表

仪表的工作条件一般都用符号标注在表盘上,所以在使用仪表之前必须清楚这些符号的意义。例如:应按仪表规定的位置放置;按要求远离外磁场、电场;使用前要检查仪表指针是否在零位,如不在零位可用零位调节器调到零位;选择合适的量限,使被测量尽量接近仪表量限(一般应使被测量超过仪表量限的一半以上)以及环境测试等。

不注意仪表的工作条件，就会给测量带来附加误差。

3. 注意仪表内阻，尽量减小方法误差

假如要测量某电路的电流，应在电路内串联一个电流表；要测某电路的电压，应在电路两端并联一个电压表。但是，由于电流表内阻不等于零，电压表内阻不等于无穷大，也就是说仪表自身消耗功率不为零，所以将仪表接入电路，将或多或少地影响电路的原有工作状态，即改变了被测量的数值。这时，即使采用0.1准确度等级的仪表进行测量，其测量结果也将与仪表接入之前的被测量不同。

这种由于仪表内阻（功耗不为零）的影响，使仪表接入电路后引起的误差叫方法误差。例如，用一内阻 $R_V=20\text{k}\Omega$ 的电压表，测量一个由 $R_1=20\text{k}\Omega$ 和 $R_2=10\text{k}\Omega$ 串联组成的分压电路中 R_1 两端的电压，如图1.4所示。

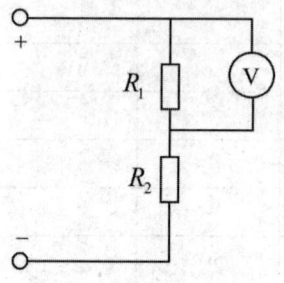

图1.4 电压表测电压

如果在电阻两端加的电压 $U=120\text{V}$。显然，在没有接入电压表之前，R_1 上的电压 $U_1=80\text{V}$，R_2 上的电压 $U_2=40\text{V}$。

当把电压表并联在 R_1 两端时，则两电阻上的电压将变成 $U_1'=U_2'=60\text{V}$。

由此可知，因电压表的接入使 R_1 上的电压由80V变为60V，从而产生的方法误差为

$$\gamma_V = \frac{60-80}{80} \times 100\% = -25\%$$

可见，不论所选用的仪表如何准确，其测量的结果已不是原来的数值。仪表自身消耗的功率与被测量电路的功率相比，其值越大，方法误差越大。

在测量电流时，同样存在着方法误差。所以在测量电流和电压时，所选用仪表的自身消耗功率比被测电路的功率小得越多越好，即电流表内阻越小越好，电压表内阻越大越好。

为了减小方法误差，在实际中有时会遇到没有合适的仪表的情况。这时，可以采用一个灵敏度较高的磁电式表头和某一电阻（电阻箱）配合，组成需要的电流表与电压表。

在用电流表和电压表测量直流电阻和功率时同样存在方法误差，如图1.5所示。

在图1.5（a）中，电压表的指示值不仅包括电阻 R_x 上的电压，同时还包括电流表两端的电压降。而图1.5（b）中，电流表的指示值不仅是流过电阻的电流，同时还含有流过电压表的电流。因此，不论采取哪一种电路测量，都不可避免地存在方法误差。

根据电路理论可以推导出这种方法误差的表达式。例如，测电阻时，对于（a）

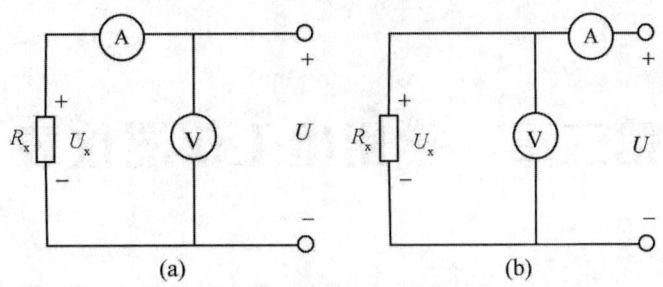

图 1.5　用电流表与电压表测量电阻和功率

图,其方法误差为

$$\gamma_a = \frac{R_a}{R_x}$$

式中 R_a 为电流表内阻值,R_x 为待测电阻值。

对于(b)图,其方法误差为

$$\gamma_b = \frac{1}{1+R_x/R_v} - 1 = -\frac{1}{1+R_v/R_x}$$

式中 R_v 为电压表的内阻。

从两种电路的方法误差表达式中可以看出,当电流表内阻 R_a 比被测电阻 R_x 小得多时,应该采用电路(a);当电压表内阻 R_v 比被测电阻 R_x 大得多时,应该采用电路(b)。

关于功率测量的方法误差分析方法相同,这里不再介绍。

4. 正确读取数据,避免视觉误差

在读取指针式仪表的测量数据时,要注意眼睛的位置,眼睛必须位于垂直于仪表表盘,且通过仪表指针的平面内。眼睛位置不正确会形成视觉误差。在准确度高于 0.5 级的仪表中,为了消除视差,都装有反视差的镜子标尺。镜子里可以映出指针的像,读数时眼睛位置应使仪表指针和指针像重合,这时读取的数据是没有视差的。

读数时,如果指针指示的位置在两刻度之间,则可根据第一刻度所代表的量值估计一位数字。读取数据的位数应根据仪表的准确度等级来决定。

第二章 常用电工仪器仪表

常用的电工仪器仪表按功能可分为两类,一类是"源",能提供电子电路及电子系统正常工作需要的能量或激励信号,如信号发生器、直流稳压电源等;另一类是测试设备,用于观察或测量电信号参量,如电压表、电流表、示波器、万用表等。

本章以实验室常用的各型号电工仪器仪表为例,分别介绍直流稳压电源、函数信号发生器、示波器、交流毫伏表、直流电压表、电流表、功率表、万用表的基本技术参数及使用方法。

2.1 直流稳压电源

直流稳压电源是将交流电转变为稳定的、输出功率符合要求的直流电的设备。实验室常用的稳压电源多为直流 5A 以下、单路、双路或三路输出型。本节简单介绍 EM1715 型三路直流稳压电源,其实物面板如图 2.1 所示。

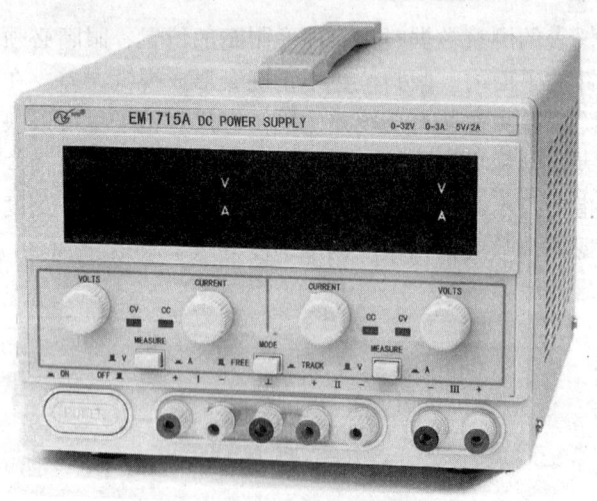

图 2.1 EM1715 直流稳压电源面板

三路直流电源是实验室通用电源,具有恒压、恒流工作功能(CV/CC),且这两种模式可随着负载变化而进行自动转换。另外,具有串联主从工作功能。左边的一路为主路,右边为从路。在跟踪状态下,从路的输出电压随主路而变化,这对于需要对称且可调双极性电源的场合特别适用。串联工作或串联跟踪工作时可输出 0~64V，0~2A（0~3A，0~0.5A）或 0~±32V，0~2A（0~3A，0~0.5A）的单极性或双极性电源。可调的两路每路输出均有一块高质量磁电式电表作输出参数的指示。该电源具有使用方便有效，不怕短路，短路时电流恒定的特点。面板上每一路输出端都有一接地接线柱，可以使电源方便地接入用户的系统地电位。

2.1.1 技术参数

① 输入电压：交流 220V ± 10%，频率 50Hz ± 4%。
② 输出电压/电流 I：0~32V/ 0~3A（连续可调）。
③ 输出电压/电流 II：0~32V/ 0~3A（连续可调）。
④ 输出电压/电流 III：5V/2A（固定）。
⑤ 输出调节分辨率：CV 20mV（典型值），CC 50mV（典型值）。
⑥ 跟踪误差：$5 \times 10^{-3} + 2mV$。
⑦ 保护方式：稳压、稳流自动转换，电流恒定保护。
⑧ 冷却方式：自然通风冷却。
⑨ 可靠性：MTBF（e）≥2000h。

2.1.2 使用方法

1. I、II、III 路电源独立使用

打开 POWER 电源开关，MODE 按键处于弹出时选择独立状态（FREE），I、II 两路电源独立工作，短接片与 I 路输出负接线柱、II 路输出正接线柱断开。当 MEASURE 按键处于弹出时为恒压源模式，此时稳压状态指示灯（CV）发光。调节 VOLS 旋钮输出所需电压值。当 MEASURE 按键处于按下时为恒流源模式，此时稳流状态指示灯（CC）发光。调节 CURRENT 旋钮输出所需电流值。III 路电源输出固定为 +5V。

2. I、II 路电源串联使用

将 I 路输出负接线柱与 II 路输出正接线柱短接，使用 I 路输出正接线柱、II 路输出负接线柱作为电源输出端，此时输出电压最大值为 64V，读数为 I、II 路电压相加。

3. I、II 路电源主从跟踪使用

MODE 按键处于按下时选择跟踪状态（TRACK），I 路为主路，II 路为从路。在跟踪状态下，必须将 I 路输出负接线柱与 II 路输出正接线柱短接，实现从路输出跟踪主路输出。将 I 路输出负接线柱与 II 路输出正接线柱短接接地，可得到正、负对称且可调双极性电源。

注意事项：
① 输出电压的调节在输出端开路时进行，输出电流的调节则在输出端短路时进行。
② 保证直流稳压电源安全工作的最大输入电压不超过规定值。
③ 最大输出电流不超过安全工作所允许的最大输出电流。

2.2　函数信号发生器

信号发生器是一种能够产生多种波形的通用仪器。可以输出方波、三角波或正弦波，输出电压和频率可以方便地调节。其原理如图2.2所示。本节简单介绍DG1032Z型任意函数/波形发生器，其面板如图2.3所示。

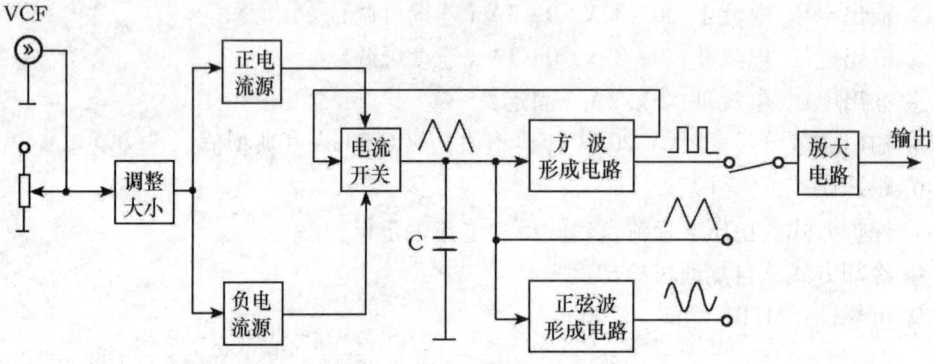

图2.2　信号发生器原理图

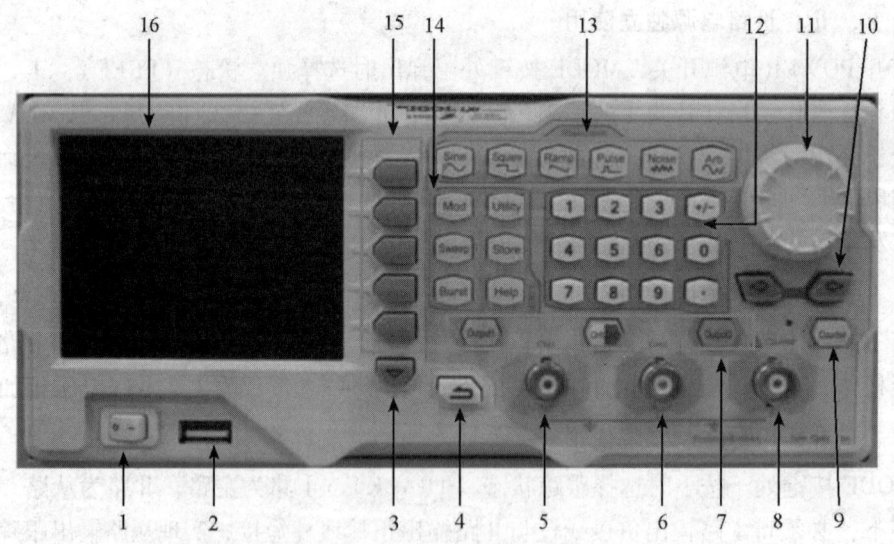

图2.3　DG1032Z型任意函数/波形发生器实物面板

DG1032Z型任意函数/波形发生器是一款集函数发生器、任意波形发生器、噪声发生器、脉冲发生器、谐波发生器、模拟/数字调制器、频率计等功能于一身的多功能信号发生器。

2.2.1 技术参数

① 最高输出频率（正弦波）：30MHz 和 60MHz。
② 最大采样率：200MSa/s。
③ 垂直分辨率：14bits。
④ 相噪：-125dBc/Hz。
⑤ 内置 8 次谐波发生器。
⑥ 内置 7digits/s、200MHz 带宽的全功能频率计。
⑦ 调制功能：AM、FM、PM、ASK、FSK、PSK 和 PWM。
⑧ 标配波形叠加功能，可以在基本波形的基础上叠加指定波形后输出。
⑨ 标配通道跟踪功能，跟踪打开时，双通道所有参数均可同时根据用户的配置更新。
⑩ 标准配置接口：USB Host、USB Device、LAN (LXI Core Device 2011)。

2.2.2 使用方法

如图 2.3 所示。

1. 电源键

用于开启或关闭信号发生器。

2. USB Host

支持 U 盘、RIGOL TMC 数字示波器、功率放大器和 USB-GPIB 模块。

① U 盘：读取 U 盘中的波形文件或状态文件，或将当前的仪器状态或编辑的波形数据存储到 U 盘中，也可以将当前屏幕显示的内容以图片格式（*.Bmp）保存到 U 盘。

② TMC 示波器：与符合 TMC 标准的 RIGOL 示波器进行无缝互联，读取并存储示波器中采集到的波形，再无损地重现出来。

③ 功率放大器（选件）：支持 RIGOL 功率放大器（如 PA1011），对其进行在线配置，将信号功率放大后输出。

④ USB-GPIB 模块（选件）：为集成了 USB Host 接口但未集成 GPIB 接口的 RIGOL 仪器扩展出 GPIB 接口。

3. 菜单翻页键

打开当前菜单的下一页或返回前一页。

4. 返回上一级菜单

退出当前菜单，并返回上一级菜单。

5. CH1 输出连接器

BNC 连接器，标称输出阻抗为 50Ω。当 Output1 打开时（背灯变亮），该连接器以 CH1 当前配置输出波形。

6. CH2 输出连接器

BNC 连接器，标称输出阻抗为 50Ω。当 Output2 打开时（背灯变亮），该连接器以

CH2 当前配置输出波形。

7. 通道控制区

Output1 用于控制 CH1 的输出。按下该按键，背灯变亮，打开 CH1 输出。此时，CH1 连接器以当前配置输出信号。再次按下该键，背灯熄灭，此时，关闭 CH1 输出。Output2 用于控制 CH2 的输出。按下该按键，背灯变亮，打开 CH2 输出。此时，CH2 连接器以当前配置输出信号。再次按下该键，背灯熄灭，此时，关闭 CH2 输出。CH1/CH2 用于切换 CH1 或 CH2 为当前选中通道。

8. Counter 测量信号输入连接器

BNC 连接器，输入阻抗为 1MΩ。用于接收频率计测量的被测信号。

注意：为了避免损坏仪器，输入信号的电压范围不得超过 ±7Vac + dc。

9. 频率计

用于开启或关闭频率计功能。按下该按键，背灯变亮，左侧指示灯闪烁，频率计功能开启。再次按下该键，背灯熄灭，此时，频率计功能关闭。

注意：当 Counter 打开时，CH2 的同步信号将被关闭；关闭 Counter 后，CH2 的同步信号恢复。

10. 方向键

使用旋钮设置参数时，用于移动光标以选择需要编辑的位。使用键盘输入参数时，用于删除光标左边的数字。存储或读取文件时，用于展开或收起当前选中目录。文件名编辑时，用于移动光标选择文件名输入区中指定的字符。

11. 旋钮

使用旋钮设置参数时，用于增大（顺时针）或减小（逆时针）当前光标处的数值。存储或读取文件时，用于选择文件保存的位置或用于选择需要读取的文件。文件名编辑时，用于选择虚拟键盘中的字符。在 Arb→选择波形→内建波形中，用于选择所需的内建任意波。

12. 数字键盘

包括数字键（0~9）、小数点（.）和符号键（+/−），用于设置参数。

注意：

① 编辑文件名时，符号键用于切换大小写。

② 使用小数点键可将用户界面以 *.bmp 格式快速保存至 U 盘。

13. 波形键

Sine 提供频率从 1μHz~60MHz 的正弦波输出。选中该功能时，按键背灯变亮。可以设置正弦波的频率/周期、幅度/高电平、偏移/低电平和起始相位。

Square 提供频率从 1μHz~25MHz 并具有可变占空比的方波输出。选中该功能时，按键背灯变亮。可以设置方波的频率/周期、幅度/高电平、偏移/低电平、占空比和起始相位。

Ramp 提供频率从 1μHz~1MHz 并具有可变对称性的锯齿波输出。选中该功能时，按键背灯变亮。可以设置锯齿波的频率/周期、幅度/高电平、偏移/低电平、对称性和起始相位。

Pulse提供频率从 1μHz～25MHz 并具有可变脉冲宽度和边沿时间的脉冲波输出。选中该功能时，按键背灯变亮。可以设置脉冲波的频率/周期、幅度/高电平、偏移/低电平、脉宽/占空比、上升沿、下降沿和起始相位。

Noise提供带宽为 60MHz 的高斯噪声输出。选中该功能时，按键背灯变亮。可以设置噪声的幅度/高电平和偏移/低电平。

Arb提供频率从 1μHz～20MHz 的任意波输出。支持采样率和频率两种输出模式。多达 160 种内建波形，并提供强大的波形编辑功能。选中该功能时，按键背灯变亮。可设置任意波的频率/周期、幅度/高电平、偏移/低电平和起始相位。

14. 功能键

Mod可输出多种已调制的波形。提供多种调制方式：AM、FM、PM、ASK、FSK、PSK 和 PWM。支持内部和外部调制源。选中该功能时，按键背灯变亮。

Sweep可产生正弦波、方波、锯齿波和任意波（直流除外）的 Sweep 波形。支持线性、对数和步进 3 种 Sweep 方式。支持内部、外部和手动 3 种触发源。提供频率标记功能，用于控制同步信号的状态。选中该功能时，按键背灯变亮。

Burst可产生正弦波、方波、锯齿波、脉冲波和任意波（直流除外）的 Burst 波形。支持 N 循环、无限和门控 3 种 Burst 模式。噪声也可用于产生门控 Burst。支持内部、外部和手动 3 种触发源。选中该功能时，按键背灯变亮。

Utility用于设置辅助功能参数和系统参数。选中该功能时，按键背灯变亮。

Store可存储、调用仪器状态或者用户编辑的任意波数据。内置一个非易失性存储器（C 盘），并可外接一个 U 盘（D 盘）。选中该功能时，按键背灯变亮。

Help用于获得任何前面板按键或菜单软键的帮助信息，按下该键后，再按下你所需要获得帮助的按键。

注意：

① 当仪器工作在远程模式时，该键用于返回本地模式。

② 该键可用于锁定和解锁键盘。长按Help键，可锁定前面板按键，此时，除Help键，前面板其他按键不可用。再次长按该键，可解除锁定。

15. 菜单软键

与其左侧显示的菜单一一对应，按下该软键激活相应的菜单。

16. LCD 显示屏

3.5 英寸 TFT（320×240）彩色液晶显示屏，显示当前功能的菜单和参数设置、系统状态以及提示消息等内容。

2.3 示波器

示波器是利用电子示波管的特性,将人眼无法直接观测的交变信号转换成图像,显示在荧光屏上以便直接观察和测量的通用仪器,具有十分广泛的用途。示波器的关键部件是示波管,示波管内电子射线的惯性很小,可用来观测上百兆赫的高频信号;输入通道放大器的增益很高,可观测毫伏量级的微弱信号;多踪示波器可以比较几个信号之间的波形、相位、频率、幅度等关系;配合相应的传感器,可把各种非电量转化成电压量,用示波器进行观测。随着现代数字技术的引入,示波器的性能更加优良。本节简单介绍 DS1000 系列数字存储示波器,其实物面板如图 2.4 所示。

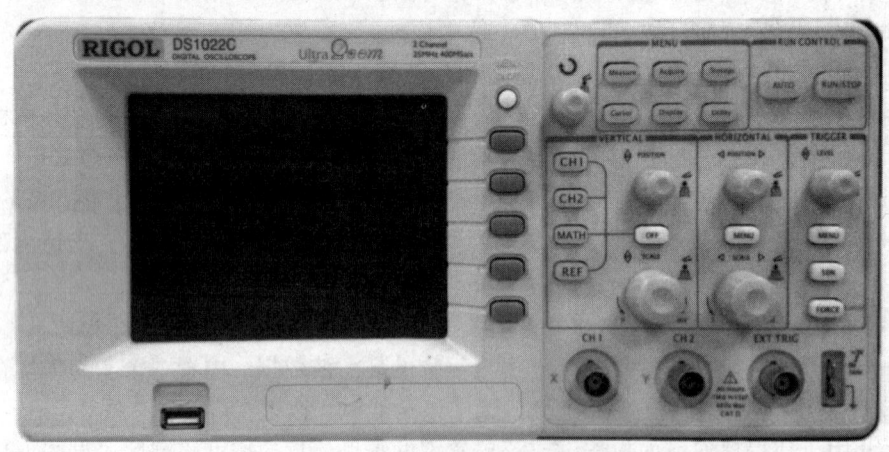

图 2.4　DS1000 系列示波器实物面板

DS1000 系列数字存储示波器向用户提供简单而功能明晰的前面板,以进行所有的基本操作。各通道的标度和位置旋钮提供了直观的操作,完全符合传统仪器的使用习惯,用户不必花大量的时间去学习和熟悉示波器的操作,即可熟练使用。为加速调整,便于测量,用户可直接按 AUTO 键,立即获得适合的波形显现和挡位设置。除易于使用之外,DS1000 系列示波器还具有更快完成测量任务所需要的高性能指标和强大功能。通过 400MSa/s 的实时采样和 25GSa/s 的等效采样,可在示波器上观察更快的信号。强大的触发和分析能力,使其易于捕获和分析波形。清晰的液晶显示和数学运算功能,便于用户更快更清晰地观察和分析信号问题。

2.3.1　技术参数

DS1000 系列数字存储示波器各项技术参数见表 2.1。

表2.1　DS1000系列数字存储示波器技术参数

采样	采样方式	实时采样	等效采样
	采样率	400MSa/s，200MSa/s	25GSa/s
	平均值	所有通道同时达到 N 次采样后，N 次数可在 2、4、8、16、32、64、128 和 256 之间选择	
输入	输入耦合	直流、交流或接地（DC、AC、GND）	
	输入阻抗	1MΩ±2%，与 15pF±3pF 并联	
	探头衰减系数设定	1×，10×，100×，1000×	
	最大输入电压	400V（DC+AC 峰值、1MΩ 输入阻抗）	
		40V（DC+AC 峰值）	
	通道间时间延迟（典型）	500ps	
环境	温度范围	操作：10℃～+40℃	
		非操作：-20℃～+60℃	
	冷却方法	风扇强制冷却	
	湿度范围	+35℃以下：≤90% 相对湿度	
		+35℃～+40℃：≤60% 相对湿度	
	海拔高度	操作 3000m 以下	
		非操作 15 000m 以下	

2.3.2　使用方法

1. 功能检查

执行快速功能检查，以核实本仪器运行正常。按如下步骤进行：

① 接通仪器电源

可通过一条接地主线操作示波器，电线的供电电压为 100～240V 交流电，频率为 45～440Hz。接通电源后，仪器执行所有自检项目，并确认通过自检，按 STORAGE 按钮，用菜单操作键从顶部菜单框中选择存储类型，然后调出出厂设置菜单框，见图 2.5。

② 示波器接入信号

DS1000 系列为双通道输入加一个外触发输入通道以及十六位数字输入通道的数字示波器。按照如下步骤接入信号。

步骤 1：用示波器探头将信号接入通道 1（CH1）。将探头上的开关设定为 10×（图 2.6），并将示波器探头与通道 1 连接。将探头连接器上的插槽对准 CH1 同轴电缆插接件（BNC）上的插口并插入，然后向右旋转以拧紧探头。

步骤 2：示波器需要输入探头衰减系数。此衰减系数改变仪器的垂直挡位比例，从

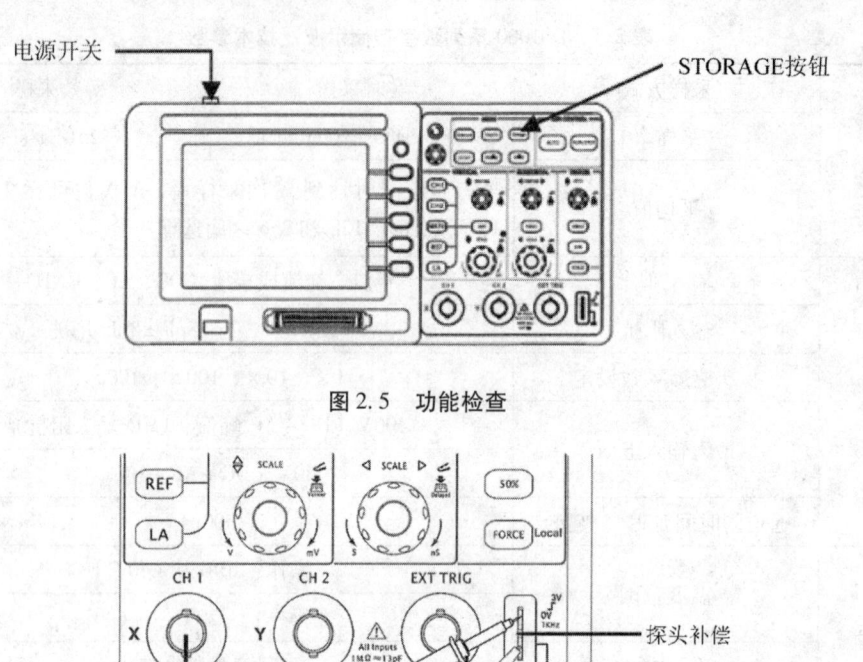

图 2.5 功能检查

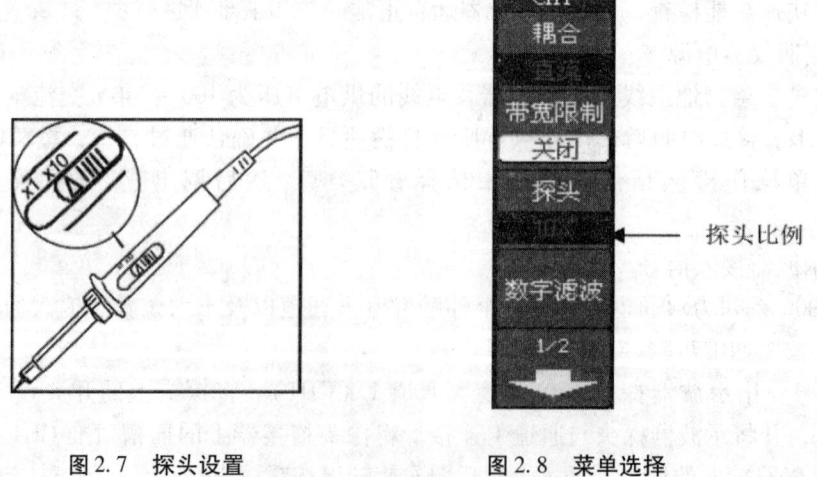

图 2.6 探头补偿

而使测量结果正确反映被测信号的电平。默认的探头菜单衰减系数设定值为 1×。设置探头衰减系数的方法如下：按CH1功能键显示通道 1 的操作菜单，应用与探头项目平行的 3 号菜单操作键，选择与使用的探头同比例的衰减系数。此时设定应为 10×，见图 2.7、图 2.8。

图 2.7 探头设置　　　　　图 2.8 菜单选择

步骤 3：把探头端部和接地夹接到探头补偿器的连接器上。按AUTO（自动设置）

按钮。几秒钟内,可见到方波显示(1kHz,约 $3V_{p-p}$)。

步骤4:以同样的方法检查通道2(CH2)。按OFF功能按钮或再次按下CH1功能按钮以关闭通道1,按CH2功能按钮以打开通道2,重复步骤2和步骤3。

2. 探头补偿

在首次将探头与任一输入通道连接时,需进行此项调节,使探头与输入通道相配。未经补偿的探头会导致测量误差或错误。若调整探头补偿,按如下步骤进行。

步骤1:将探头菜单衰减系数设定为10×,将探头上的开关设定为10×,并将示波器探头与通道1连接。如使用探头钩形头,应确保与探头接触紧密。将探头端部与探头补偿器的信号输出连接器相连,基准导线夹与探头补偿器的地线连接器相连,打开通道1,然后按AUTO按钮。

步骤2:检查所显示波形的形状,见图2.9。

步骤3:如必要,用非金属质地的改锥调整探头上的可变电容,直到屏幕显示的波形如图2.9中的"补偿正确"为止。

步骤4:必要时,重复步骤。

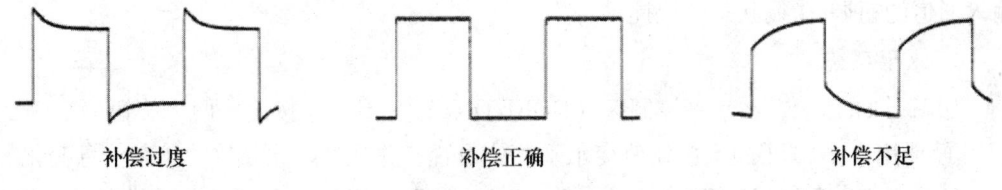

补偿过度　　　　　　　补偿正确　　　　　　　补偿不足

图2.9　补偿曲线

3. 垂直系统

如图2.10所示,在垂直控制区(VERTICAL)有一系列的按键、旋钮。

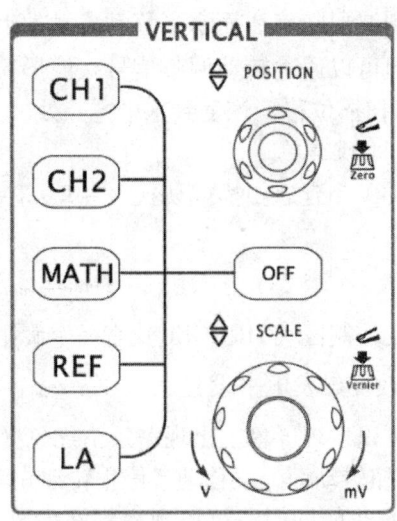

图2.10　垂直系统

① 使用垂直 ⊙POSITION 旋钮在波形窗口居中显示信号。

垂直 ⊙POSITION 旋钮控制信号的垂直显示位置。当转动垂直 ⊙POSITION 旋钮时，指示通道地（GROUND）的标识跟随波形而上下移动。

如果通道耦合方式为 DC，可以通过观察波形与信号地之间的差距来快速测量信号的直流分量。如果耦合方式为 AC，信号里面的直流分量被滤除。这种方式方便用更高的灵敏度显示信号的交流分量。

② 改变垂直设置，并观察因此导致的状态信息变化。

通过波形窗口下方的状态栏显示的信息，确定任何垂直挡位的变化。转动垂直旋钮改变"Volt/div（伏/格）"垂直挡位，可以发现状态栏对应通道的挡位显示发生了相应的变化。

按 **CH1**、**CH2**、**MATH**、**REF**、**LA**（混合信号示波器）按键，屏幕显示对应通道的操作菜单、标志、波形和挡位状态信息。按 **OFF** 按键关闭当前选择的通道。

③ Coarse/Fine（粗调/微调）快捷键。

不但可以通过此菜单切换粗调/微调，更可以通过按下垂直 ⊙SCALE 旋钮作为设置输入通道的粗调/微调状态的快捷键。

4. 水平系统

如图 2.11 所示，在水平控制区（HORIZONTAL）有一个按键、两个旋钮。

① 使用水平 ⊙SCALE 旋钮改变水平挡位设置，并观察因此导致的状态信息变化。

转动水平 ⊙SCALE 旋钮改变"s/div（秒/格）"水平挡位，可以发现状态栏对应通道的挡位显示发生了相应的变化。水平扫描速度从 5ns 至 50s，以 1-2-5 的形式步进。

② 使用水平 ⊙SCALE 旋钮调整信号在波形窗口的水平位置。

水平 ⊙SCALE 旋钮控制信号的触发位移。当应用于触发位移时，转动水平 ⊙SCALE 旋钮，可以观察到波形随旋钮而水平移动。触发点位移恢复到水平零点，快捷键水平 ⊙SCALE 旋钮不但可以通过转动调整信号在波形窗口的水平位置，更可以按下该键使触发位移（或延迟扫描位移）恢复到水平零点处。

③ 按 **MENU** 按钮，显示 **TIME** 菜单。

在此菜单下，可以开启/关闭延迟扫描或切换 Y-T、X-Y 和 ROLL 模式，还可以设置水平触发位移复位。

5. 触发系统

如图 2.12 所示，在触发控制区（TRIGGER）有一个旋钮、三个按键。

① 使用 ⊙LEVEL 旋钮改变触发电平设置。

转动 ⊙LEVEL 旋钮，可以发现屏幕上出现一条桔红色（单色液晶系列为黑色）的触发线以及触发标志，随旋钮转动而上下移动。停止转动旋钮，此触发线和触发标志会在约 5s 后消失。在移动触发线的同时，可以观察到在屏幕上触发电平的数值发生了变化。

② 使用 **MENU** 调出触发操作菜单（见图 2.13），改变触发的设置，观察由此造成的

第二章 常用电工仪器仪表

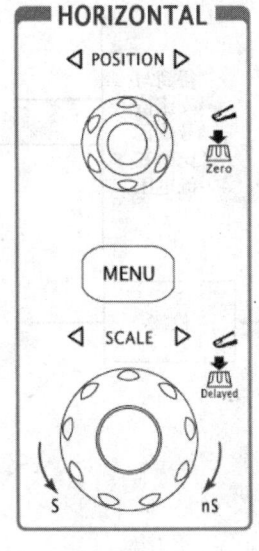 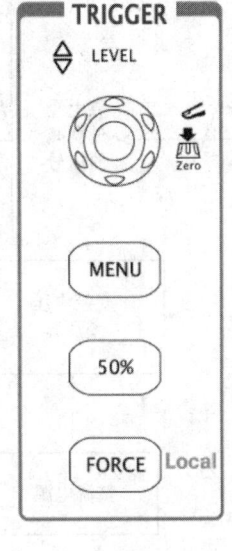 

图2.11 水平系统　　　图2.12 触发系统　　　图2.13 触发操作菜单

状态变化。

按1号菜单操作按键，选择"边沿触发"。

按2号菜单操作按键，选择"信源选择"为"CH1"。

按3号菜单操作按键，设置"边沿类型"为"上升沿"。

按4号菜单操作按键，设置"触发方式"为"自动"。

按5号菜单操作按键，进入"触发设置"二级菜单，对触发的耦合方式、触发灵敏度和触发释抑时间进行设置。

③ 按50%按钮，设定触发电平在触发信号幅值的垂直中点。

④ 按FORCE按钮，强制产生一触发信号，主要应用于触发方式中的"普通"和"单次"模式。

2.4　交流毫伏表

交流毫伏表的功能是在其工作频率范围之内，测量正弦交流电压的有效值。其原理如图2.14所示，本节介绍EM2171型交流毫伏表，其面板如图2.15所示。

2.4.1　技术参数

① 电压测量范围：$100\mu V \sim 300V$。

② 测量电压的频率范围：$10Hz \sim 2MHz$。

③ 基准条件下的电压误差：±3%（400Hz）。

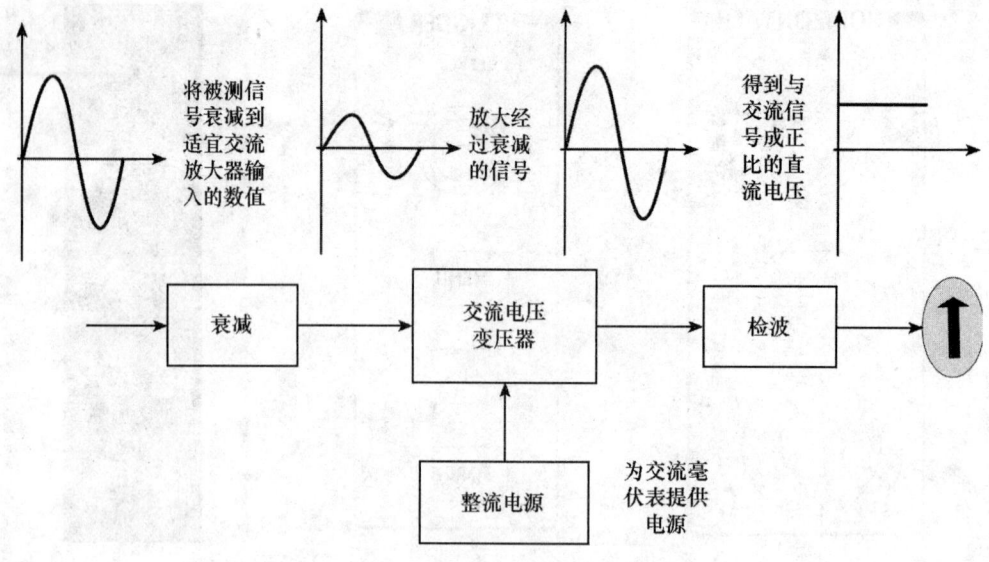

图 2.14 交流毫伏表工作原理

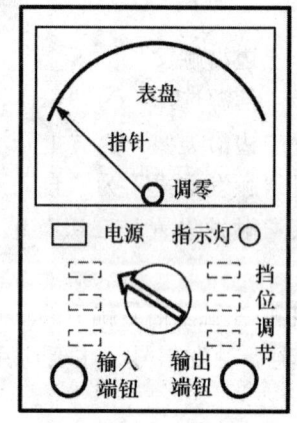

图 2.15 交流毫伏表面板

④ 基准条件下的频响误差:20Hz~100kHz 误差 ≤±3%(以400Hz为基准);

10Hz~2MHz 误差 ≤±8%(以400Hz为基准)。

⑤ 输入阻抗:1mV~300mV 时输入电阻≥2MΩ,输入电容≤50pF;

1V~300V 时输入电阻≥8MΩ,输入电容≤20pF。

⑥ 噪声电压小于满刻度的 3%。

⑦ 电源:220V±10%,50Hz±4%。

⑧ 视在功率:约 5VA。

2.4.2 使用方法

操作步骤:

① 机械调零。在通电前，先调整电表指示的机械零位。

② 接通电源。按下电源开关，发光二极管灯亮，仪器立刻工作，为保证性能稳定，可预热 10min 后使用。

③ 将量程开关置于适当量程，再加入测量信号。若测量电压未知，应将量程开关置于最大挡，然后逐渐减小量程。

④ 当输入电压在任何一个量程挡指示为满度时，监视输出端的输出电压均为 $0.1V_{rms}$（rms，均方根值）。

注意事项：

① 交流毫伏表只能用来测量正弦交流信号的有效值，若用于测量非正弦交流信号则需经过换算。

② 交流毫伏表输入端开路时，由于外界感应信号的影响，指针可能超量程偏转。为了避免指针碰弯，不测量时，量程应选在较大挡位。

2.5 直流电流表、电压表

电流表也称安培表，是一种比较精密的测量电流强度的仪表。电压表也称伏特表，是一种比较精密的测量电压值的仪表。电流表和电压表是电工实验和电工测量中最基本的仪表。内阻是电流表、电压表的一项重要参数，理想的电流表内阻为零，理想的电压表内阻无限大。电流表内阻越小、电压表内阻越大，接入电路测量时对电路工作状态的改变越小。本节介绍 C65 型电流表及电压表，C65 型仪表是一种磁电系可携式仪表，可用于在直流电路中测量电压或电流。

2.5.1 技术参数

① 测量范围：见表 2.2、表 2.3。

表 2.2 C65 电流表技术指标

仪表名称	测量范围
C65 毫安表	0～1.5～1～2mA
	0～5～10～20mA
	0～50～100～200mA
	0～0.5～1～2～5～10mA
	0～10～20～50～100～200mA
	0～100～200～500～1000mA

表 2.3 C65 电压表技术指标

仪表名称	测量范围
C65 电压表	0~1.2~3~6V
	0~12~30~60V
	0~1.2~3~6~12~30V
	0~120~300~600V
	0~30~60~120~300~600V
	0~0.012~0.03~0.06~0.12~0.3~0.6~1.2~3~6~12~30~60~120~300~600V
	0~0.045~0.075~1.5~3~7.5~15~30~75~150~300~600V

② 准确度等级：0.5 级。
③ 阻尼时间：不大于 4s。
④ 绝缘强度：外壳对电路能耐受 45~65Hz 的正弦电压 2kV 一分钟。
⑤ 绝缘电阻：仪表加约 500V 直流电压一分钟，绝缘电阻不低于 5MΩ。
⑥ 工作温度：13℃~33℃。
⑦ 工作湿度：25%~80%。

2.5.2 使用方法

① 机械调零：使用电压/电流表前必须先调零，如果指针不在零刻度线上，调节调零螺丝（图 2.16 表身下方）使指针与零刻度线重合。

② 正确接线：电流表必须串联在待测电路中，连接电流表时，必须使电流从"+"接线柱流进电流表，从"-"接线柱流出电流表。电压表必须并联在待测电路两端，正、负极对应接到电压表的"+""-"端。

③ 量程选择：估算被测电流/电压的大小，选择适当的量程，一般选择量程应使指针转过满偏的 2/3 为宜。如果待测电流/电压的大小不易估算，可先选用较大的量程试触，如电流/电压小于某一较小量程，则改用较小量程测量。

④ 正确读数：视线要通过指针并与刻度盘垂直。

注意事项：

① 仪表使用时应放置在水平位置，尽可能远离强电流导线和强磁性物质，以免增加仪表误差。

② 电流表应串联接入线路，并按负载大小选择足够截面的导线，电压表应并联接入线路，并按负载大小选择足够绝缘强度的导线，以保证安全。

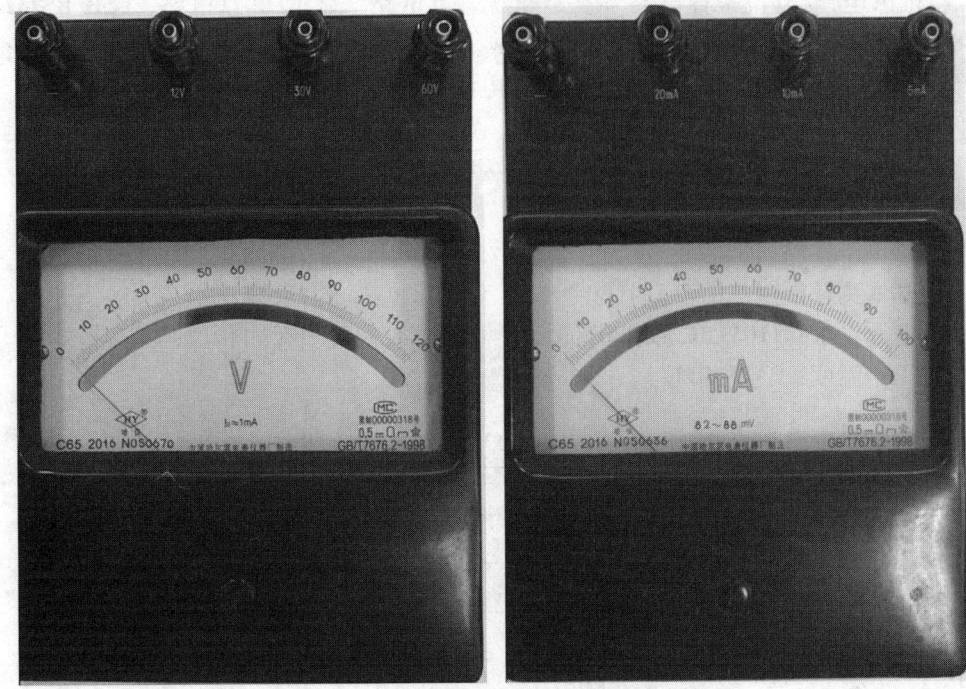

图 2.16　C65 型直流电压表/电流表实物图

2.6　功率表

功率表也叫瓦特表，是一种测量电功率的仪器。功率是表征电信号特性的一个重要参数，包括有功功率、无功功率和视在功率。在直流和低频范围，可以通过测量电压和电流计算功率。本节简单介绍 AWE2101 功率分析仪，其原理如图 2.17 所示。

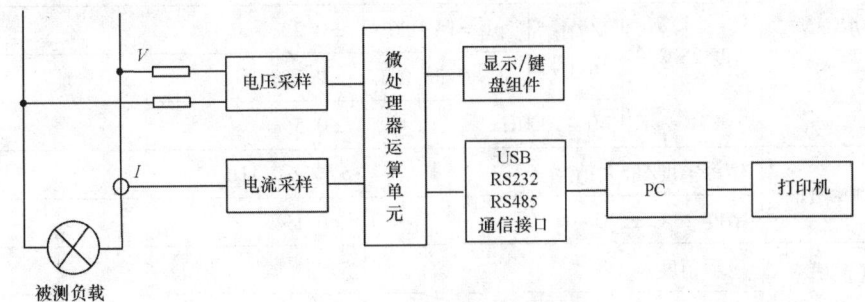

图 2.17　AWE2101 功率表原理

AWE2101 功率分析仪采用 32 位微处理器、高速高精度 A/D 转换器，拥有高精度、高稳定性、17 种参数测量功能、3 组显示窗口，每个窗口可以选择显示指定的参数。AWE2101 功率分析仪功能强大，具有 USB、RS232、RS485 通信功能。

整机由电压/电流采样电路、微处理器运算电路、显示/键盘电路、USB/RS232C/RS485 通信电路、PC 端软件、电源电路组成。采样电路分为电压采样和电流采样部分，电压采样采用电阻降压采样，电流采样采用电流互感器 CT 隔离采样，其各自又包括信号放大、自动量程处理、抗混迭低通滤波电路、ADC 模数转换器。此电路对输入的交流信号进行量化采样，后经微处理器运算电路进行数字运算处理，并把测量数据显示在面板上。

2.6.1 技术参数

① 基本测量指标：见表 2.4
② 电源要求：110V AC 或 220V AC ± 15%，47 ~ 63 Hz；
③ 工作温度：0℃ ~ 40℃。

表 2.4 AWE2101 功率分析仪基本测量指标

电压/V	量程（4 挡自动量程）		25V/75V/150V/300V
	显示精度		5 位
	频率范围		40 ~ 1000Hz
	精度（23℃ ± 5℃）	47 ~ 63Hz	±0.2%
		40 ~ 1000Hz	±0.5%
	输入阻抗		>2.5MΩ
电流/A	显示精度		5 位
	频率范围		40 ~ 120Hz
	精度 23℃ ± 5℃	47 ~ 63Hz	±0.2%
		40 ~ 1000Hz	±0.5%
	输入阻抗		≤20MΩ
功率/W	显示精度		5 位
	频率范围		40 ~ 1000Hz
	精度 23℃ ± 5℃	47Hz 63Hz pF = 1 ~ 0.6	±0.2%
		pF = 0.5 ~ 0.1	±0.2%
		40 ~ 1000Hz	±0.5%
频率/Hz	显示精度/最大精度		5 位 / 0.1Hz
	精度 23℃ ±5℃		±0.1%
视在功率/VA	显示精度		5 位
	精度 47 ~ 63Hz，23℃ ±5℃		< ±0.2%
无功功率/Var	显示精度		5 位
	精度 47 ~ 63Hz，23℃ ±5℃		< ±0.5%

2.6.2 使用方法

AWE2101 功率表的面板如图 2.18 ~ 图 2.20 所示。

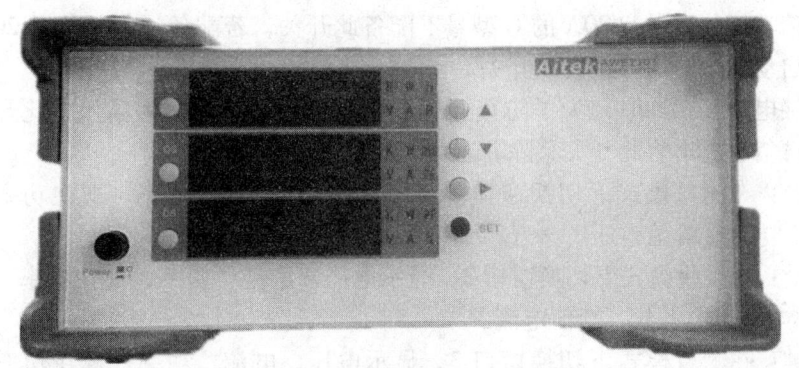

图 2.18　AWE2101 功率表实物面板

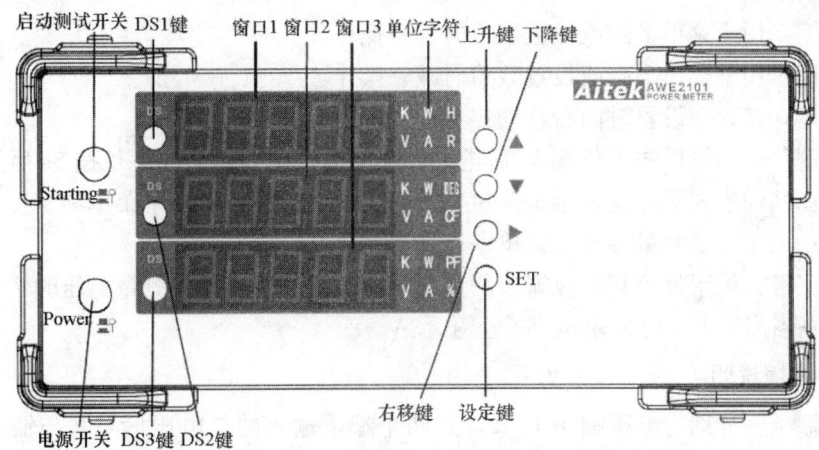

图 2.19　AWE2101 功率表前面板

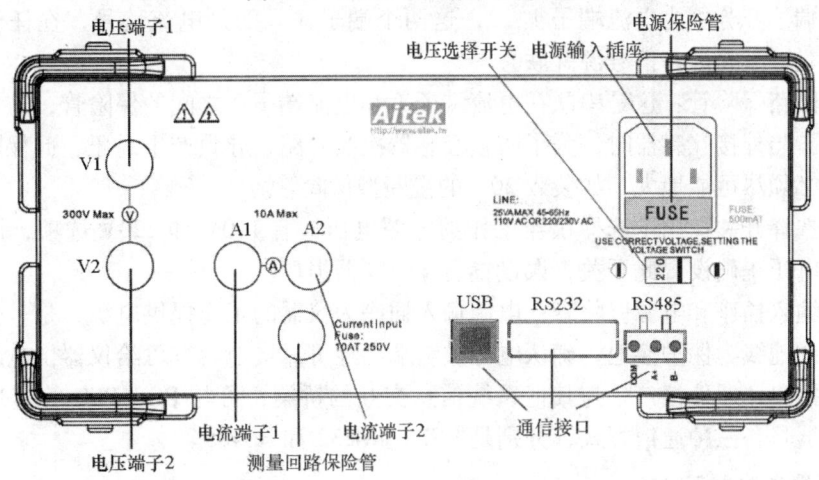

图 2.20　AWE2101 功率表后面板

1. **前面板说明**

电源开关：用来开启或关闭仪器。

启动测试开关：用来启动测试，只有具有通信类型的 A 和 B 机型才配备此开关，对不具通信功能的型号和 20A 的 C 型号不配备此开关，若配备通信功能的 20A 的 C 型号需进行启动测试，需外接启动开关。

当外接电流互感器时，为了防止互感器次级开路，导致产生高压，此开关不能开路，或在订货时要求将此开关移除，避免事故。

DS1 键：在测量模式下切换窗口 1，显示电压、电流、功率、视在功率、无功功率、频率、电度、峰值电压。

DS2 键：在测量模式下切换窗口 2，显示电压、电流、功率、视在功率、电流初相角、电压/电流波形系数、峰值电流。

DS3 键：在测量模式下切换窗口 3，显示电压、电流、功率、视在功率、功率因数、峰值功率。

上升键：用于菜单上翻或设置数值时加一操作。

下降键：用于菜单下翻或设置数值时减一操作。

右移键：在数值设置时向右移动焦点输入位。

设定键：在测量模式下长按 5s 后进入设定菜单，在其他模式下长按 5s 后返回测量模式，若在其他模式下存在多个子菜单项，短按设定键进入下一个菜单项。

窗口：用于显示测量参数或菜单字符。

单位字符：用于显示其对应窗口测量到的数值的单位，如当测量电压时，单位字符会显示 V，当测量电流时，单位字符会显示 A。

2. **后面板说明**

电压端子：分别为电压端子 1、2，这两个端子输入的是电压信号，与输入信号源并联。

电流端子：分别为电流端子 1、2，这两个端子输入的是电流信号，在任何情况下与负载串联，不允许与信号源并联。

测量回路保险管：这是串联在电流端子 1 和电流端子 2 之间的保险管，防止负载超载或短路。当外接互感器时，为了防止互感器次级开路，导致产生高压，此保险管的电流额定值必须尽可能地大，如装入 20A 的慢断型保险管。

电压选择开关：用于选择仪器工作的电源电压，有 110V 和 220V 选项，用户必须根据电源电压正确设置此开关，误设置会导致仪器损坏。

电源输入插座和电源保险管：电源输入插座为仪器的工作提供电源，是一个三线插座，其中的地线为保护接地，确认电源供给端已经可靠接地后方可给仪器供电。

通信接口：通信接口是与其他系统信息交互的桥梁，可与 PC、PLC 等实现信息交换。本仪器具备三种通信方式，分别是 USB、RS232 和 RS485。

3. **测量参数显示**

测量参数模式为开机运行时的默认模式，如图 2.21 所示，通电后第一窗口显示真有效值电压,第二窗口显示真有效值电流,第三窗口显示功率,显示刷新次数大于每秒 10 次。

DS1 键可选择显示电压、电流、功率、视在功率、无功功率、频率、电度、峰值电压(字符 V 闪烁,以示与有效值电压的区别)。

DS2 键可选择显示电压、电流、功率、视在功率、电流初相角、电压/电流波形系数、峰值电流(字符 A 闪烁,以示与有效值电流的区别)。

图 2.21 测量参数默认显示

DS3 键可选择显示电压、电流、功率、视在功率、功率因数、峰值功率(字符 W 闪烁,以示与有效值功率的区别)。

测量参数单位如表 2.5 所示。

表 2.5 测量参数单位

真有效值电压	V/kV	峰值电压	V/kV(单位字符闪烁)
真有效值电流	A/kA	峰值电流	A/kA(单位字符闪烁)
功率	W/kW	峰值功率	W/kW(单位字符闪烁)
视在功率	VA/kVA	无功功率	Var/kVar
电流初相角	DEG	电压波形系数	
电流波形系数		功率因数	
电度值	kWh	频率	H(代表 Hz 赫兹)

2.7 万用表

万用表是一种多功能、多量程的便携式电气测量仪表。万用表一般可以用来测量直流电流、直流电压、交流电压、电阻和音频电平等电量。有的万用表还可以用来测量交流电流、电容、电感以及晶体管某些参数等。常用的有模拟式和数字式万用表。万用表由表头、测量线路、转换开关以及外壳组成。表头用来指示被测量的数值,测量线路把各种被测量转换为适合表头测量的直流微小电流,转换开关实现对不同测量线路的选择。本节介绍 MF47 型模拟式万用表及 UT52 型数字万用表。

2.7.1 MF47 型万用表

1. 技术参数

(1)测量范围

① 直流电流:10/50/100μA,1/10/100/1000μA。

② 直流电压：0.5（10μA）/1/2.5/10/50/100/250/500V。

③ 交流电压：10/50/250/500V。

④ 直流电阻：0～2kΩ/20kΩ/200kΩ/2MΩ/20MΩ/200MΩ。

⑤ 音频电平：-10～±22dB。

（2）精度等级

① 直流电流：2.5 级（以标尺工作部分上量限的百分数表示）。

② 直流电压：2.5 级（以标尺工作部分上量限的百分数表示）。

③ 交流电压：5.0 级（以标尺工作部分上量限的百分数表示）。

④ 直流电阻：2.5 级（以标尺工作部分上量限的百分数表示）。

2. 使用方法

MF47 型万用表的实物面板如图 2.22 所示。

图 2.22 MF47 型万用表的实物面板图

（1）测试表笔连接位置

在进行测量之前，首先应检查测试表笔接在什么位置上。红色测试表笔的连线应接到标有"＋"符号的插孔内，黑色测试表笔应接到标有"－"或"COM"符号的插孔内。

（2）测量挡位的选择

使用万用表时，应根据测量的对象将转换开关旋至相应的位置上。例如，当测量交流电压时，应把转换开关旋至标有"V"的范围内。在进行挡位的选择时应特别小心，稍有不慎就有可能损坏仪表。如测量电压时，如果误选了电流挡或电阻挡，会使表头遭受严重损伤，甚至可能烧毁表头。所以，选择好测量类型后，应仔细核对无误后才能进行测量。

（3）量限选择

用万用表测量交直流电流或电压时，其量限选择要尽量使指针工作在满刻度值的 2/3 以上的区域，以保证测量结果的准确度。用万用表测量电阻时，则应尽量使指针在中心刻度值的 0.1~10 倍之间。如果测量前无法估计出被测量的大致范围，则应先把转换开关旋至量限最大的位置进行粗测，然后再选择适当的量限进行精确测量。

（4）正确读数

万用表的表盘上有很多条标度尺，每一条标度尺上都标有被测量的标志符号，测量读数时，应根据被测量及量限在相应的标度尺上读出指针指示的数值。另外，读数时应尽量使视线与表面垂直；对装有反射镜的万用表，应使镜中指针的像与指针重合后再进行读数。

（5）欧姆挡的使用

使用欧姆挡时，要注意以下几个问题：

① 每一次测量电阻时都必须调零，即将两支测试表笔短接，旋动"零欧姆调整器"旋钮，使指针指示在"Ω"标度尺的"0"刻度线上。特别是改变了欧姆倍率挡后，必须重新进行调零。当调零无法使指针达到欧姆零位时，则说明电池的电压太低，应更换新电池。

② 测量电阻时被测电路不允许带电，否则，不仅测量结果不准确，而且很有可能烧坏表头。

③ 被测电阻不能有并联支路，否则其测量结果是被测电阻并联电阻后的等效电阻，而不是被测电阻的阻值。由于这一原因，测量电阻时，不能用手去接触测试表笔的金属部分，避免因人体并接于被测电阻两端而造成不必要的误差。

④ 用欧姆挡测量晶体管参数时，考虑到晶体管所能承受的电压比较小和容许通过的电流较小，一般应选择 R×100 或 R×1kΩ 的倍率挡。另外要注意，红色测试表笔与表内电池的负极相接，而黑色测试表笔与表内电池的正极连接。

⑤ 在使用的间歇中，不要让两根测试表笔短接，以免浪费电池。

在万用表的使用过程中，必须十分重视人身和仪表安全，要注意：

① 决不允许用手接触测试表笔的金属部分，否则会发生触电事故或影响测量准确度。

② 不允许带电转动转换开关，尤其是测量高电压和大电流时，否则在转换开关的刀及触点分离和接触的瞬间产生电弧，使刀和触点氧化，甚至烧毁。

③ 测量叠加有交流电压的电流电压时，要充分考虑转换开关的最高耐压值，否则会因为电压幅度过大而使转换开关中的绝缘材料被击穿。

④ 万用表使用完毕后，应该把转换开关旋至交流电压的最大量限挡，或旋至"OFF"挡。

2.7.2 UT52 型数字万用表

1. 技术参数

(1) 直流电压挡

① 输入阻抗:所有量程为 10MΩ。

② 过载保护:对于 200mV 量程为 250V(DC 或 AC 有效值),其余量程为 $750V_{rms}$ 或 $1000V_{p-p}$ 峰值。

直流电压挡技术指标见表 2.6。

表 2.6 直流电压挡技术指标

量程	分辨率	准确度(a%读数 + b 字数)
200mV	100μV	±(0.5% + 1)
2V	1mV	
20V	10mV	
200V	100mV	
1000V	1V	±(0.8% + 2)

(2) 交流电压挡

① 输入阻抗:所有量程为 10MΩ。

② 频率范围:40 ~ 400Hz。

③ 过载保护:对于 200mV 量程为 250V(DC 或 AC 有效值),其余量程为 $750V_{rms}$ 或 $1000V_{p-p}$ 峰值。

交流电压挡技术指标见表 2.7。

表 2.7 交流电压挡技术指标

量程	分辨力	准确度(a%读数 + b 字数)
200mV	100μV	±(1.2% + 3)
2V	1mV	
20V	10mV	±(0.8% + 3)
200V	100mV	
750V	1V	±(1.2% + 3)

(3) 直流电流挡

① 最大输入电流:20A(10A 以上电流测量时间应不超过 15s)。

② 过载保护:315mA/250V 保险丝和 10A/250V 保险丝(20A 量程无保险丝)。

③ 测量电压降:满量程为 200mV。

直流电流挡技术指标见表 2.8。

表2.8 直流电流挡技术指标

量程	分辨力	准确度（a%读数+b字数）
20μA	0.01μA	—
200μA	0.1μA	—
2mA	1μA	±（0.8%+1）
20mA	10μA	±（0.8%+1）
200mA	100μA	±（1.5%+1）
2A	1mA	±（1.5%+1）
10A	10mA	—
20A	10mA	±（2%+5）

（4）交流电流挡
① 频率响应：40～400Hz。
② 过载保护：315mA/250V 保险丝和 10A/250V 保险丝（20A 量程无保险丝）。
③ 最大输入电流：20A（10A 以上电流测量时间应不超过 15s）。
④ 测量电压降：满量程为 200mV。
交流电流挡技术指标见表2.9。

表2.9 交流电流挡技术指标

量程	分辨力	准确度（a%读数+b字数）
200μA	0.1μA	—
2mA	1μA	—
20mA	10μA	±（1%+3）
200mA	100μA	±（1.8%+3）
2A	1mA	—
10A	10mA	—
20A	10mA	±（3%+7）

（5）电阻挡
① 开路电压：≤700mV（200MΩ 量程，开路电压约为 3V）；
② 过载保护：所有量程 250V（DC 或 AC 有效值）。
注意：在 200MΩ 挡，表笔短路，显示器显示 1.0 是正常的，在测量中应从读数中减去 1.0。
电阻挡技术指标见表 2.10。

表2.10 电阻挡技术指标

量程	分辨力	准确度（a%读数+b字数）
200Ω	0.1Ω	±（0.8%+3）
2kΩ	1Ω	±（0.8%+1）
20kΩ	10Ω	±（0.8%+1）
200kΩ	100Ω	±（0.8%+1）
2MΩ	1kΩ	±（0.8%+1）
20MΩ	10kΩ	±（1%+2）
200MΩ	100kΩ	±[5%（−10）+10]

2. 使用方法

UT52万用表实物面板如图2.23所示。

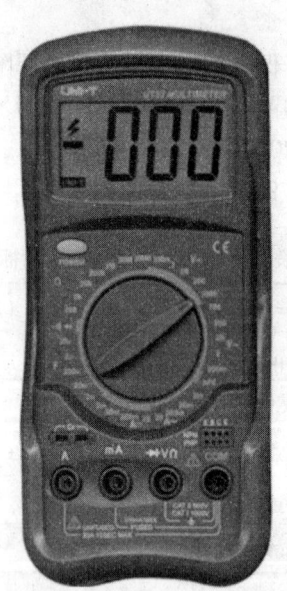

图2.23 UT52万用表实物面板

（1）直流电压测量

① 将黑表笔插入"COM"插孔，红表笔插入"V"插孔。

② 将功能开关置于"V-"量程范围，并将测试表笔并到待测电源或负载上，红表笔所接端子的极性将同时显示。

注意：

① 如果不知被测电压范围，将功能开关置于大量程并逐渐下调。

② 如果显示器只显示"1"，表示超过量程，功能开关应置于更高量程。

③ "⚠"表示不要输入高于1000V的电压，显示更高的电压值是可能的，但有损坏内部线路的危险。

④ 当测量高电压时要格外注意避免触电。

（2）交流电压测量

① 将黑表笔插入"COM"插孔，红表笔插入"V"插孔。

② 将功能开关置于"V～"量程范围，并将测试表笔接到待测电源或负载上。

使用注意：

① 如果不知被测电压范围，将功能开关置于大量程并逐渐下调。

② 如果显示器只显示"1"，表示超过量程，功能开关应置于更高量程。

③ "⚠"表示不要输入高于750V的电压，显示更高的电压值是可能的，但有损坏内部线路的危险。

（3）直流电流测量

① 将黑表笔插入"COM"插孔，当测量最大值为200mA（UT51为2A）以下电流时，红表笔插入"mA"插孔。当测量最大值为20A（10A）的电流时，红表笔插入"A"插孔。

② 将功能开关置"A−"量程，并将测试表笔串联接入待测负载回路里，电流值显示的同时，将显示红表笔的极性。

注意：

① 如果使用前不知被测电流范围，将功能开关置于最大的量程并逐渐下调。

② 如果显示器只显示"1"，表示超过量程，功能开关应置于更高量程。

③ "⚠"表示最大输入电流为200mA，过量的电流将烧坏保险丝，应即时更换，20A量程无保险丝保护。

（4）交流电流的测量

① 将黑表笔插入"COM"插孔，当测量最大值为200mA以下电流时，红表笔插入"mA"插孔。当测量最大值为20A的电流时，红表笔插入"A"插孔。

② 将功能开关置于"A～"量程，并将测试表笔串联接入待测负载回路里。

（5）电阻测量

① 将黑表笔插入"COM"插孔，红表笔插入"Ω"插孔。

② 将功能开关置于"Ω"量程，将测试表笔并接到待测电阻上。

注意：

① 如果被测电阻值超出所选择量程的最大值，将显示过量程"1"，应选择更高的量程。对于大于1MΩ或更高的电阻，要几秒钟后读数才能稳定，对于高阻值读数这是正常的。

② 当无输入时，例如开路情况，仪表显示为"1"。

③ 当检查内部线路阻抗时，被测线路必须将所有电源断开，电容电荷放尽。

④ 量程为200MΩ时，将表笔短路，读数为"1.0"，测量时应从读数中减去，如测100MΩ电阻时，显示为"101.0"，则测量值应为101.0−1.0＝100MΩ。

（6）电容测量

① 仪器本身虽然对电容挡设置了保护，但仍须将待测电容先放电然后进行测试，

以防损坏本表或引起测量误差。

② 测量电容时,将电容插入电容测试座中。

③ 测量大电容时读数稳定需要一定的时间。

④ 单位:$1pF = 10^{-6} \mu F$,$1nF = 10^{-3} \mu F$。

(7) 频率测量

① 将红表笔插入"Hz"插孔,黑表笔插入"COM"插孔。

② 将功能开关置于"kHz"量程,并将测试笔并接到频率源上,可直接从显示器上读取频率值。

(8) 温度测量

测量温度时,将热电偶传感器的冷端(自由端)插入温度测试座中,注意极性。热电偶的工作端(测温端)置于待测物上面或内部,可直接从显示器上读数,其单位为摄氏度。

(9) 二极管测试及蜂鸣通断测试

① 将黑表笔插入"COM"插孔,红表笔插入"VΩ"插孔(红表笔极性为"+"),将功能开关置于"⇥、⏺))"挡,并将表笔连接到待测二极管上,读数为二极管正向压降的近似值。

② 将表笔连接到待测线路的两端,如果两端之间电阻值低于70Ω,内置蜂鸣器发声。

(10) 晶体管 hFE 测试

① 将功能开关置于"hFE"量程。

② 确定晶体管是 NPN 或 PNP 型,将基极、发射极和集电极分别插入面板上相应的插孔。

③ 显示器上将显示 hFE 的近似值,测试条件:$I_b \approx 10 \mu A$,$V_{ce} \approx 2.8V$。

第三章 电工与电路基础实验

本章设计了包括常用电工仪器仪表的使用、直流电阻电路实验、交流电路实验等在内的 18 个实验项目。这些实验都是应用电工与电路基本理论的实验,在验证性实验的基础上增加了设计性和拓展性实验内容,以满足不同层次学生的需求。认真完成这些实验项目对后续课程也有着重要的意义和作用。

实验一 常用电工仪表的使用与测量误差的计算

一、实验目的

1. 了解仪表内阻、准确度等对测量结果的影响,理解测量误差的概念,掌握测量误差的计算方法及测量结果的分析方法。
2. 掌握常用电工测量仪表的使用方法。
3. 掌握直流电压源的使用。
4. 掌握仪表内阻的测试方法。

二、实验原理

电压表和电流表都是常用的基本电工测量仪表。由于每块仪表的精度(准确度)、量限、内阻均不相同,故用来测量同一被测量时,其测量结果是不同的;即使对同一块仪表,选用的挡位不同,读数也会有差别。同时,由于仪表不是理想电表,在接入电路时,与被测对象的连接方法不同,也可能导致测量结果存在差异。因此在进行测量时必须根据被测量的大小,选用合适的仪表和仪表挡位并进行正确的连接以使测量结果更准确。

电压表和电流表的内阻一般在表头上标出或可以通过查阅说明书获得。用实验的方法也可以测出电压表和电流表的内阻。分压法测电压表内阻的电路如图 3.1 所示,其中 R 为阻值已知的精密电阻。设电压表的内阻为 R_V,开关闭合时电压表的读数为 U_1,开关打开后电压表的读数为 U_2,则根据分压原理有

$$U_2 = \frac{R_V}{R + R_V} U_s, \text{ 且 } U_s = U_1$$

因此可求得电压表的内阻为

$$R_V = \frac{U_2}{U_1 - U_2}R$$

分流法测量电流表内阻的电路如图 3.2 所示。设电流表的内阻为 R_A，开关闭合时电流表的读数为 I_2，开关打开后电流表的读数为 I_1，则根据分流原理有

$$I_2 = \frac{R}{R + R_A}I_s, \quad 且 \ I_s = I_1$$

因此可求得电流表的内阻为

$$R_A = \frac{I_1 - I_2}{I_2}R$$

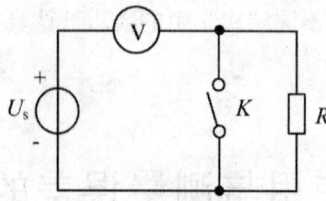
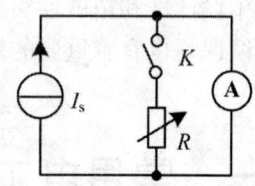

图 3.1　分压法测电压表内阻　　　　图 3.2　分流法测电流表内阻

三、实验内容

1. 采用不同电表测量同一电压

按照图 3.3 所示电路连线，其中 9V 电压可用可调直流稳压电源输出。分别采用 C65 - V 型电压表、MF47 型三用表和 UT52 型数字万用表测量图示电路中 a、b 两端的电压 U_{ab}。要求：

① 在表 3.1 中记录仪表的准确度等级、所选量程以及内阻。
② 将不同仪表测得的 U_{ab} 记录在表 3.1 中。
③ 计算出不同仪表测量的相对误差。

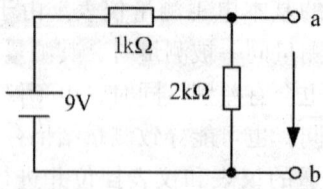

图 3.3　端电压测量图

表 3.1　不同仪表测量电压数据比较

项　目	C65－V 型 直流电压表	MF47 型 三用表	UT52 型 数字万用表
仪表准确度等级			
量程/V			
仪表内阻/Ω			
测量值/V			
U_{ab} 理论值/V			
相对误差/%			

2. 测量电路的功率

用 C65－V 直流电压表和 C65－mA 直流毫安表测量图 3.4 所示电路的总功率。
① 先计算出电路功率的理论值。
② 分别记录下两个电路中电压表和电流表的读数，并计算出功率的测量值。
③ 计算出两种电路测量功率的相对误差，并比较其误差的大小，分析产生误差的原因。

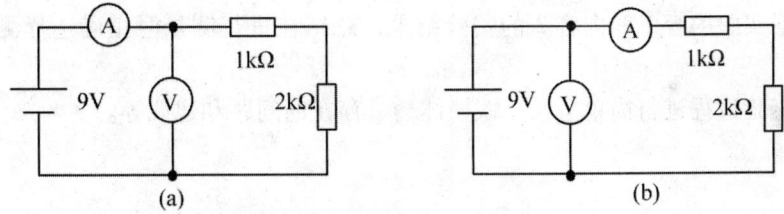

图 3.4　测量总功率的两种电路

3. 测量万用表电压挡和电流挡的内阻

分别用分压法和分流法测出 MF47 型指针式万用表直流 10V 电压挡和直流 10mA 电流挡的内阻。
① 画出实验电路，并标明选用元件的参数。
② 将测量数据记录在表 3.2 中。
③ 计算出电表的内阻，并与标称值进行比较分析。

表 3.2　MF47 型万用表内阻测量数据

直流 10V 电压挡				直流 10mA 电流挡			
U_1/V	U_2/V	R/Ω	R_V/Ω	I_1/mA	I_2/mA	R/Ω	R_A/Ω

四、预习要求

1. 理解仪表准确度、仪表内阻、相对误差、绝对误差等概念，会计算绝对误差和相对误差。
2. 了解分压法和分流法测量仪表内阻的基本原理。
3. 了解仪表内阻、准确度、接入方式等对测量结果的影响。
4. 认真阅读仪器说明书，了解可调直流稳压电源、指针式电压表和电流表等常用电工测量仪表的使用方法。

五、思考题

1. 在实验内容 1 中，是不是仪表准确度等级越高，测量结果越精确？
2. 在实验内容 2 中，两种接线法所测得的电路的功率是否完全相同？原因何在？
3. 在分压法测电压表内阻的实验中，为正确测出仪表内阻，所选精密电阻应满足什么条件？实验过程中稳压电源的输出电压与所测仪表量程之间应该满足什么条件？

六、实验报告要求

1. 实验报告内容完整，步骤清晰，电路参数标注清楚。
2. 数据记录完整，测量结果要计算出相对误差，并进行误差分析。
3. 根据实验内容 1 和内容 2 的实验结果，总结在进行测量时正确选择测量仪表的原则。
4. 对实验过程进行简单总结，谈谈体会、存在的问题和建议等。

实验二　电路元件伏安特性的测试

一、实验目的

1. 了解常用电路元件的识别方法。
2. 掌握元件伏安特性的测试方法。
3. 掌握直流电压源和电流源的使用。
4. 理解两种实际电源模型的等效互换。

二、实验原理

一个二端元件的端电压 U 与流过元件的电流 I 之间的关系称为元件的伏安特性，又称元件的外特性。伏安特性是了解元件特性、分析元件在电路中的作用的重要依据。在实验室可以通过测试得到元件的伏安特性曲线。

对于电阻、二极管等无源电路元件，可以通过在元件两端施加直流激励，测出在不同电压作用下产生的电流,进而绘出其伏安特性曲线。线性电阻元件的伏安特性曲线是一条通过坐标原点的直线,如图 3.5 所示,该直线的斜率等于电阻元件的阻值的倒数(即电导)。

二极管是典型的非线性电阻元件,其伏安特性如图 3.6 所示。非线性电阻元件的伏安特性曲线是经过坐标原点的一条曲线,各点的斜率并不同,因此非线性电阻元件的阻值是随着其工作状态的不同而变化的。二极管具有单向导电性,加正向电压时,正向压降很小(锗管约为 0.2~0.3V,硅管约为 0.5~0.7V),导通后电流随电压的增大而急剧增加。加反向电压时,流经二极管的电流很小,可粗略地视为零;但反向电压超过其耐压值时,则会导致管子击穿损坏。

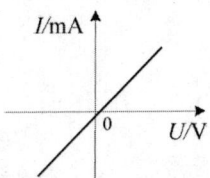 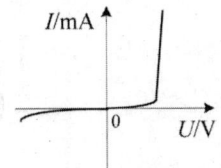

图 3.5　线性电阻元件的伏安特性曲线　　图 3.6　二极管的伏安特性曲线

实际电源的内阻在使用中往往不能忽略不计。实际电压源在电路中可以看成一个理想电压源串联电阻的模型,如图 3.7(a)所示,其伏安特性曲线如图 3.7(b)所示;而实际电流源在电路中则可以看成一个理想电流源并联电阻的模型,如图 3.7(c)所示,其伏安特性曲线如图 3.7(d)所示。测试实际电源的伏安特性时,需要给它们外接一定的负载(如电阻),通过测试不同负载下电源的端电压和电流来获得其伏安特性。

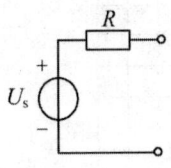 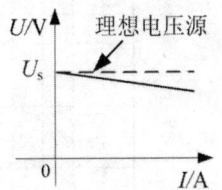

(a) 实际电压源的电路模型　　(b) 电压源的伏安特性曲线

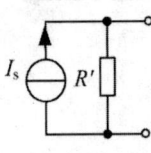 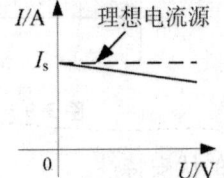

(c) 实际电流源的电路模型　　(d) 电流源的伏安特性曲线

图 3.7　电源及其伏安特性曲线

实际电压源和实际电流源在满足一定的条件时可以等效互换,这个条件就是

$$\begin{cases} R = R' \\ U_s = RI_s \end{cases}$$

三、实验内容

1. 测量线性电阻的伏安特性

实验电路如图 3.8 所示，其中 U_s 为可调直流稳压电源，电阻上流过的电流和端电压分别通过直流数字毫安表和直流数字电压表进行测量。调节电压源使其输出电压从 0 逐渐增大到 10V，测量点间隔 2V。将电压表和电流表的读数记录在表 3.3 中，并根据测量数据在图 3.9 中画出电阻的伏安特性曲线。

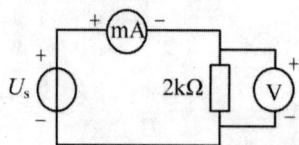

图 3.8 线性电阻伏安特性测量电路

表 3.3 线性电阻伏安特性测量数据

U_R/V	0	2.0	4.0	6.0	8.0	10.0
I_R/mA						

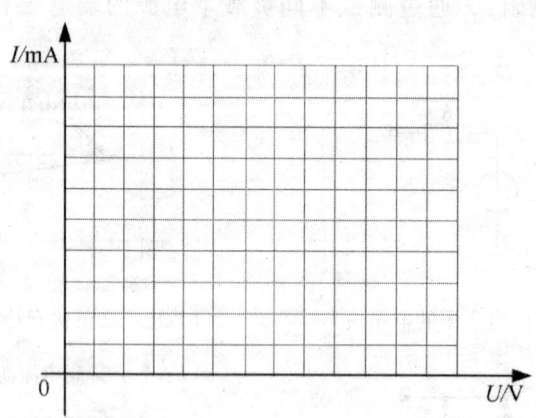

图 3.9 电阻伏安特性测量图

2. 测量二极管的伏安特性

测量二极管正向特性的实验电路如图 3.10 所示。二极管的型号为 1N4007，正向导通时流过管子的电流不能超过 50mA。R 为限流电阻，可根据所加电压以及二极管的工作特性选择适当的阻值。调节可调稳压电源的输出，使二极管的端电压从 0 逐渐增大到 0.75V，并记录下流经二极管的电流数据，记录在表 3.4 中。

测量反向特性时可将二极管反向，或者将稳压电源正、负极互换。调节稳压电源的输出使其从 0 逐渐增加到 30V,并将测量数据记录到表 3.5 中。二极管伏安特性曲线画在图 3.11 中。

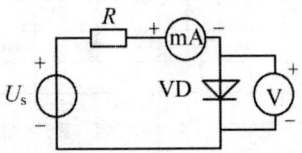

图 3.10　二极管伏安特性测量电路

表 3.4　二极管正向特性测量数据

U_D/V	0	0.2	0.4	0.45	0.5	0.55	0.60	0.65	0.7	0.75
I_D/mA										

表 3.5　二极管反向特性测量数据

U_D/V	0	-5.0	-10.0	-15.0	-20.0	-25.0	-30.0
I_D/mA							

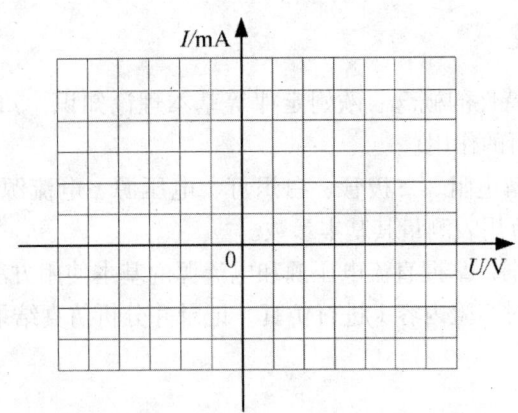

图 3.11　二极管伏安特性测量图

3. 白炽灯的伏安特性测量

实验室提供一只 12V、0.1A 的白炽灯,自行设计电路和实验方案,测量出其伏安特性,测量结果分别记录在表 3.6 和图 3.12 中,并根据测量结果对白炽灯的电路特性进行分析。

表 3.6　白炽灯伏安特性测量数据

U_L/V									
I_L/mA									

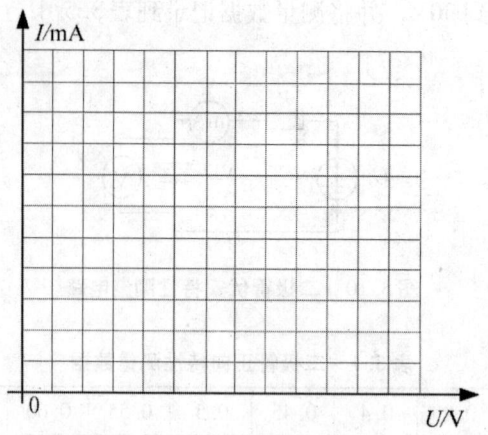

图 3.12 白炽灯伏安特性测量图

*4. 设计方案,验证两种电源模型的等效

自行设计实验方案,验证实际电压源模型和实际电流源模型的等效。画出实验电路并标明参数,自拟实验数据记录表格。分析实验数据并给出相应的结论。

注:标记"*"号的为选做内容

四、预习要求

1. 了解元件伏安特性的概念、欧姆定律等基本理论知识,知道元件伏安特性的基本含义以及对电路分析的作用。
2. 查阅资料,了解电阻、二极管、白炽灯、电压源、电流源等元件的工作特性与选用知识,并会使用万用表测量其基本参数。
3. 查阅仪器说明书,掌握直流电压源和电流源的基本使用方法。
4. 在 Multisim 下对实验内容 1 进行仿真,记录并分析仿真结果。

五、思考题

1. 在测量二极管的反向特性时,电流表的接入方式(内接或外接)是否一样?为什么?
2. 从测试出的伏安特性曲线看,白炽灯在电路中可以看成是线性电阻吗?
3. 线性电阻与非线性电阻的伏安特性有什么区别?实验中所使用的白炽灯在额定工作状态下的电阻值是多少?

六、实验报告要求

1. 实验内容完整、步骤清晰,实验电路图应标明元件参数。
2. 数据记录完整,作图规范。
3. 对比分析仿真结果与实验结果并给出结论。
4. 设计性实验内容应该给出完整的设计思路、实验电路、实验步骤、测量数据以及结果的分析和处理。

实验三　基尔霍夫定律的验证

一、实验目的

1. 加深对基尔霍夫定律的理解。
2. 学会电位的测量方法。
3. 学会使用电流插头、插座测量各支路电流。
4. 学会检查、分析电路的简单故障。

二、实验原理

1. 基尔霍夫电流定律（KCL）：对任一集总电路中的任一节点，在任意时刻，流入或流出该节点的所有支路电流的代数和为零。即

$$\sum I = 0$$

2. 基尔霍夫电压定律（KVL）：对任一集总电路中的任一回路，在任意时刻，所有支路电压的代数和为零。即

$$\sum U = 0$$

基尔霍夫电压定律和基尔霍夫电流定律是由电路的连接方式所决定的、集总电路中所有支路电压和支路电流必须遵循的约束关系。以实际电路验证这两个定律时，必须注意各支路电压和支路电流的方向。

3. 在电路中，电位是各节点相对于参考点的电势，因此参考点选取不同，各节点的电位也不同。而电压是两点之间电位之差，与参考点的位置无关。在实际测量时，可以通过电压表直接测出各点的电位和电压。

4. 简单电路故障的排查是实验过程中需要具备的一项基本技能。常见的简单电路故障一般出现在连接线或元件部分。连接线故障包括连接线断开造成的断路、连接线接触不良、连接线接错等。元件部分故障包括元件接错、元件损坏导致的短路或断路等。这些简单故障可以利用万用表进行排查。在电源断开时，可以用万用表的欧姆挡测量电路两点之间的电阻，如果两点之间电阻应为零（或极小），而万用表测出开路（或非常大），或两点之间应该开路（或电阻很大），而万用表测出短路（或电阻很小），则可判断这两点之间出了故障。在电源接通时，也可以用万用表的电压挡进行故障排查。如果根据电路分析知道两点之间具有一定电压，但用万用表却测不出电压，或者两点之间电压应该为零，而用万用表测出两点之间却具有一定的电压，则可判断此两点间出现了故障。

三、实验内容

1. 验证基尔霍夫电流定律

实验电路如图 3.13 所示。8V 和 12V 电压可通过调节直流稳压电源得到。

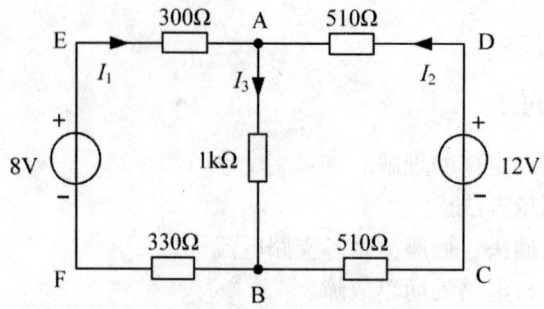

图 3.13 验证基尔霍夫电流定律电路

① 根据电流插头和电流插座的使用方法，将直流电流表接入电路。
② 测出电路中的电流 I_1、I_2 和 I_3，并将数据记录在表 3.7 中。

表 3.7 支路电流测量值　　　　　　　　　　　　　　　　mA

	I_1	I_2	I_3	$\sum I$
理论值				
测量值				
相对误差				

2. 验证基尔霍夫电压定律

实验电路保持不变。选回路绕行方向为顺时针方向，分别用直流电压表测出回路 ABFEA 和回路 ADCBA 中各支路电压的值，验证基尔霍夫电压定律。测量结果记录在表 3.8 中。

表 3.8 支路电压测量值　　　　　　　　　　　　　　　　V

	回路 ABFEA				回路 ADCBA			
	U_{AB}	U_{BF}	U_{FE}	U_{EA}	$\sum U$	U_{AD}	U_{DC}	U_{CB}	U_{BA}	$\sum U$
理论值										
测量值										
相对误差										

3. 电位的测量

电路图保持不变。

① 以 B 点为参考点，测出各节点的电位 φ，将数据记录入表 3.9 中。
② 测出电路中两点之间的电压 U_{AB}、U_{BC}、U_{AC}、U_{AE}、U_{FE}，将数据记录入表 3.9 中。
③ 验证电压与电位的关系。

表 3.9 电位与电压的测量结果　　　　　　　　V

	φ_A	φ_B	φ_C	φ_D	φ_E	φ_F	U_{AB}	U_{BC}	U_{AC}	U_{AE}	U_{FE}
计算值											
测量值											
相对误差											

注意：
① 表 3.9 中"计算值"一栏里电压的计算方法：$U_{AB} = \varphi_A - \varphi_B$，以此类推。
② 测量电位时，将电压表的负极接线端接在参考点上，正极接线端接在被测节点上，即可测出各点电位。

四、预习要求

1. 了解电位、电压的含义，理解应用基尔霍夫电压定律和基尔霍夫电流定律列写电路方程的方法。
2. 计算出实验电路中各支路电压和支路电流的理论值。
3. 在 Multisim 下对实验电路进行仿真分析，测出各支路电流和支路电压，并记录仿真结果。

五、思考题

1. 当使用指针式仪表测量电路某点的电位时，若指针出现反偏说明什么？此时应该怎样处理？
2. 在测量电压和电流时，怎样判断数据的正、负？负号代表的意义是什么？
3. 在验证基尔霍夫定律时，实测数据中 $\sum U$ 和 $\sum I$ 是否恰好等于零？若不等于零，是否说明基尔霍夫定律是不成立的？为什么？

六、实验报告要求

1. 实验应有简单步骤，且电路完整，数据原始记录完全。
2. 将仿真结果与实验结果进行比较分析。
3. 对实验数据要进行处理，计算出相对误差，并分析产生误差的原因。
4. 对实验中遇到的故障及解决方法进行总结，简单谈谈实验心得。

实验四　线性电路特性的研究

一、实验目的
1. 加深对线性电路的齐次性和可加性的理解。
2. 验证叠加定理。
3. 熟练掌握可调直流电压源和电流源的使用。

二、实验原理
线性电路是指由线性元件和独立电源构成的电路。它有两个基本性质：齐次性和可加性。

在单一激励作用下，线性电路的响应（某一支路上的电压或电流）和激励（独立电源）是成正比的，当激励变成原来的 K 倍时，响应也将变成原来的 K 倍。这就是线性电路的齐次性。

多个激励同时作用于电路上时，线性电路中任一支路上的电压（或电流）等于每一个独立源单独作用在电路上时在该条支路上所产生的电压（或电流）的代数和。当某一个独立源单独作用时，其他独立源应该置零，即独立电压源用短路来代替，独立电流源用开路来代替。这就是叠加定理，即线性电路的可加性。

三、实验内容

1. 验证叠加定理

实验电路如图 3.14 所示。电压源和电流源通过可调直流稳压电源和可调直流电流源输出。

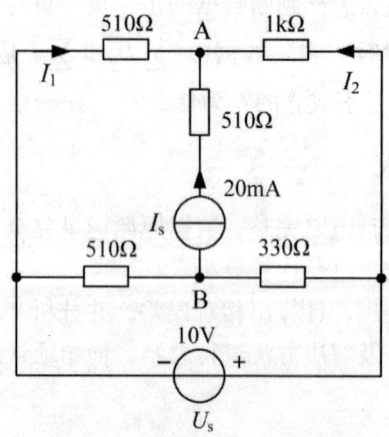

图 3.14　验证叠加定理电路图

① 按电路图连接好电路。
② 电压源保持不变，将电流源从电路中断开，测出电流 I_1、I_2 和电压 U_{AB}，将数据记录在表 3.10 中。
③ 电流源保持不变，将电压源从电路中断开，原电路的接线端用导线连接，测出电流 I_1、I_2 和电压 U_{AB}，将数据记录在表 3.10 中。
④ 电压源与电流源均接入电路，测出电流 I_1、I_2 和电压 U_{AB}，将数据记录在表 3.10 中。
⑤ 将电压源的输出电压改为 6V，电流源保持不变，重复上述过程。

表 3.10　验证叠加定理电压电流测量数据

		I_1/mA		I_2/mA		U_{AB}/V	
		计算值	测量值	计算值	测量值	计算值	测量值
$U_s = 12V$ $I_s = 20mA$	电压源单独作用						
	电流源单独作用						
	电压源和电流源共同作用						
$U_s = 6V$ $I_s = 20mA$	电压源单独作用						
	电流源单独作用						
	电压源和电流源共同作用						

2. 研究含二极管电路的特性

① 将图 3.14 中 330Ω 电阻用二极管 1N4007 代替。
② 分别测量 12V 电压源单独作用、20mA 电流源单独作用以及二者共同作用于电路上时电路中的电压以及电流，并将数据记录在表 3.11 中。
③ 对测量结果进行分析，检验电路是否满足叠加定理。

表 3.11　含二极管电路电压电流测量数据

	I_1/mA		I_2/mA		U_{AB}/V	
	计算值	测量值	计算值	测量值	计算值	测量值
电压源单独作用						
电流源单独作用						
电压源和电流源共同作用						

*3. 研究含二极管和白炽灯电路的特性

将图 3.14 中 330Ω 电阻和 510Ω 电阻分别用二极管 1N4007 和白炽灯代替，电路如图 3.15 所示，研究电路是否满足叠加定理。要求：

① 先对电路进行理论计算，分析白炽灯和二极管的工作状态。
② 自行设计实验步骤，自拟数据记录表格。
③ 根据实验结果对电路特性进行分析。

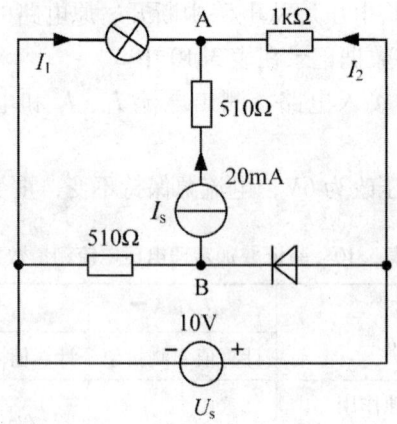

图 3.15　含二极管和白炽灯电路

四、预习要求

1. 了解叠加定理的内容，理解线性电路的齐次性和可加性。
2. 手动计算出实验电路中各支路电压和支路电流的值。
3. 在 Multisim 下对实验内容 1 中的电路进行仿真分析，并记录仿真数据。

五、思考题

1. 当考虑某一独立电源单独作用时，不作用的独立电源能不能直接短路？为什么？
2. 当电路含有受控源时，若要验证叠加定理，是不是要将受控源和独立源做相同的处理？为什么？
3. 实验内容 2 中的二极管处于什么样的工作状态？

六、实验报告要求

1. 将实验结果和仿真结果进行对比分析。
2. 实验报告内容完整、步骤清晰。
3. 实验原始数据记录清楚，数据处理结果应有误差分析。
4. 设计性内容应包括理论分析、实验步骤、数据处理及分析。
5. 简要回答思考题，并对实验进行总结。

实验五　线性有源二端网络等效参数的测定

一、实验目的

1. 加深对戴维南定理和最大功率传输定理的理解。
2. 掌握线性有源二端网络等效电路参数的测量方法。
3. 掌握直流电压源和直流电流源的使用。
4. 会设计简单方案验证诺顿定理。

二、实验原理

1. 线性有源二端网络及其等效电路

线性有源二端网络是由线性元件和独立电源构成的，对外可以用其等效电路来等效代替。

线性有源二端网络在电路中能等效成的最简形式就是一个实际电压源模型或一个实际电流源模型，反映这种等效变换关系的就是戴维南定理和诺顿定理，如图 3.16 所示。在戴维南等效电路中，电压源的电压就是有源二端网络的开路电压 U_{oc}，等效电阻 R_0 等于有源二端网络中所有独立源均置零时的等效电阻，如图 3.16（b）所示。而在诺顿等效电路中，电流源的电流等于有源二端网络的端口短路电流 I_{sc}，其等效电阻 R_0 定义则同戴维南定理一样，如图 3.16（c）所示。

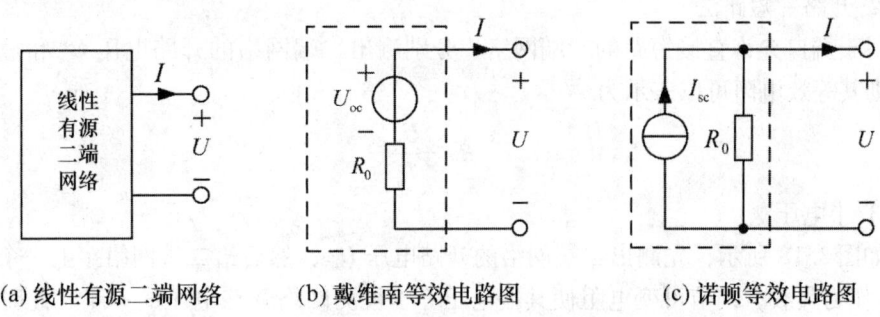

(a) 线性有源二端网络　　(b) 戴维南等效电路图　　(c) 诺顿等效电路图

图 3.16　线性有源二端网络及其等效电路

因此，将线性有源二端网络进行等效变换的关键就是要求其等效电路参数：开路电压 U_{oc}、短路电流 I_{sc} 和等效电阻 R_0。

2. 线性有源二端网络等效参数的测量方法

这三个等效电路参数的实验测量方法如下。

（1）直接法测开路电压 U_{oc} 和短路电流 I_{sc}

将待测支路从有源二端网络断开，直接用电压表测量其两个端钮间的电压，此时电

压表的读数即为 U_{oc}。同理，直接用电流表测量两个端钮间的电流，电流表的读数即为短路电流 I_{sc}。

（2）零示法测 U_{oc}

在测量具有高内阻的有源二端网络的开路电压 U_{oc} 时，直接测量法会造成较大的误差。因此可以采用零示法进行测量，其原理如图 3.17 所示。

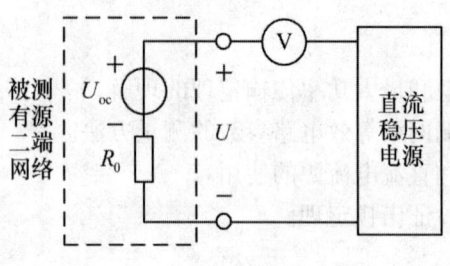

图 3.17　零示法测 U_{oc}

零示法的基本原理是用一个低内阻的直流稳压电源与被测有源二端网络进行比较，当稳压电源的输出电压与有源二端网络的开路电压 U_{oc} 相等时，电压表的读数将为 "0"。此时将电路断开，测出稳压电源的输出电压，即为被测有源二端网络的开路电压 U_{oc}。

（3）等效电阻 R_0 的测量

等效电阻的测量方法比较多，常用的有：

① 直接测量法

将有源二端网络内部所有的独立电源置零（电压源用短路代替、电流源用开路代替），然后直接用万用表欧姆挡测量端口的电阻，此时万用表的读数即为二端网络的等效电阻 R_0。

② 开路-短路法

对于端口允许直接短路的二端网络，分别测出二端网络的开路电压 U_{oc} 和短路电流 I_{sc}，则其等效电阻可以表示为

$$R_0 = \frac{U_{oc}}{I_{sc}}$$

③ 半电压法

如图 3.18 所示，先测出二端网络的开路电压 U_{oc}，然后给二端网络接上一个可变电阻 R_L 作为负载，调节可变电阻使其端电压等于被测网络开路电压的一半，此时负载电阻 R_L 的大小就等于被测线性有源二端网络的等效电阻。

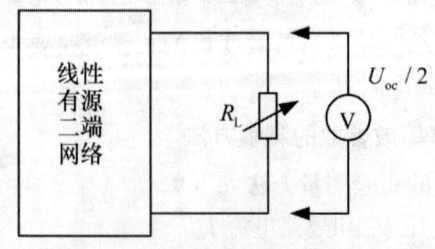

图 3.18　半电压法测 R_0

④ 伏安法

给二端网络接一个可变电阻 R_L 作为负载，改变 R_L，分别测出负载两端的电压和流过负载的电流，然后作出线性有源二端网络的伏安特性曲线，如图3.19所示，则该曲线的斜率即为等效电阻 R_0：

$$R_0 = \tan \varphi = \frac{\Delta U}{\Delta I} = \frac{U_{oc}}{I_{sc}}$$

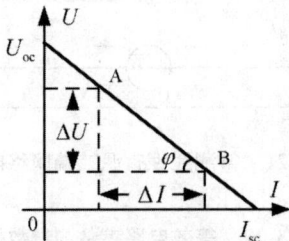

图 3.19　伏安法测 R_0

3. 最大功率传输条件

在电子技术中，经常希望负载能够从线性有源二端网络得到最大功率。最大功率传输定理表明：当可变负载与线性有源二端网络的等效电阻相等（即 $R_0 = R_L$）时，负载上可获得最大功率，如图3.20所示，该最大功率的值为

$$P_{max} = \frac{U_{oc}^2}{4R_0}$$

此时称电路达到最大功率匹配。

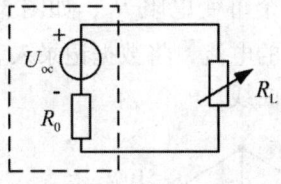

图 3.20　最大功率匹配电路

三、实验内容

1. 测量线性有源二端网络的开路电压 U_{oc}、短路电流 I_{sc} 和等效电阻 R_0

被测电路如图3.21所示，测出该二端网络的开路电压 U_{oc}、短路电流 I_{sc} 和等效电阻 R_0，方法任选，其中等效电阻的测量要求至少采用两种以上的方法。比较不同方法的测量结果，分析各自的适用范围，将测量数据记录在表3.12中。

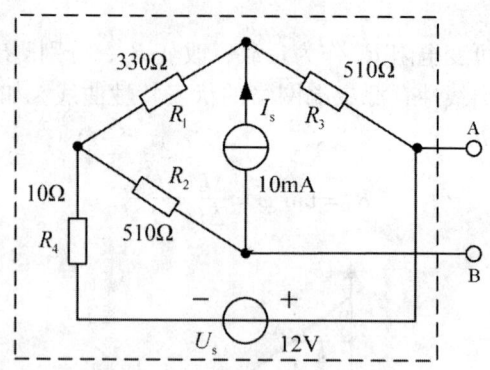

图 3.21 待测线性有源二端网络电路

表 3.12 等效电路参数测量数据

	U_{oc}/V	I_{sc}/mA	R_0/Ω (U_{oc}/I_{sc})	
计算值				
测量值			直接测量法	
			开路-短路法	
			半电压法	
			伏安法	

2. 测量线性有源二端网络的伏安特性

在二端网络的端口上接上一个可变电阻 R_L，如图 3.22 所示，改变 R_L 的阻值，测量出负载两端的电压和流过负载的电流，将数据记录入表 3.13 中，并在图 3.23 中画出该线性有源二端网络的伏安特性曲线。

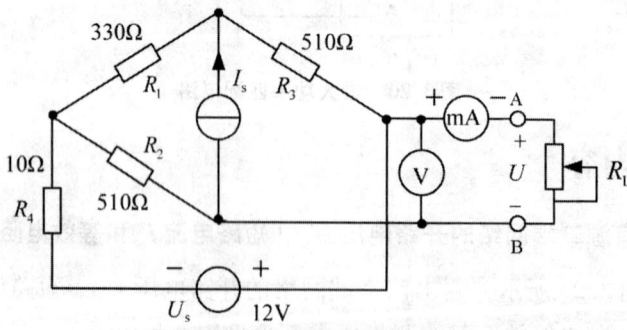

图 3.22 测量线性有源二端网络伏安特性电路

表 3.13 线性有源二端网络伏安特性测量数据

U/V								
I/mA								

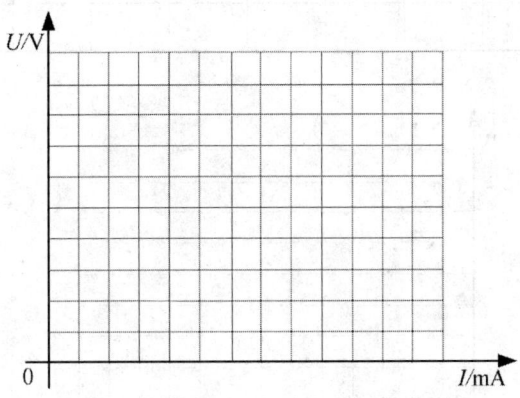

图 3.23 线性有源二端网络伏安特性曲线

3. 测量戴维南等效电路的伏安特性

① 按图 3.24 连接电路。其中 U_{oc} 和 R_0 分别为实验内容 1 中测得的原二端网络的开路电压和等效电阻。

② 改变负载 R_L 的值,测出 R_L 上的电压以及流过的电流,将数据记录在表 3.14 中。R_L 的取值要保证在 $R_L = R_0$ 两侧都有测量点。

③ 根据所记录的数据在图 3.23 中做出戴维南等效电路的伏安特性曲线,并与原二端网络的伏安特性曲线进行比较分析,验证戴维南定理的正确性。

④ 根据所记录的数据计算出负载的功率,并在图 3.25 中做出功率随负载变化的曲线,验证最大功率传输定理。

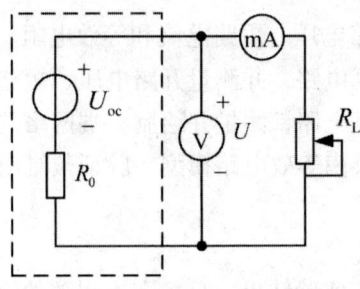

图 3.24 验证戴维南定理电路

表3.14 戴维南等效电路伏安特性测量数据

R_L/Ω					R_0					
U/V										
I/mA										
P_L/W										

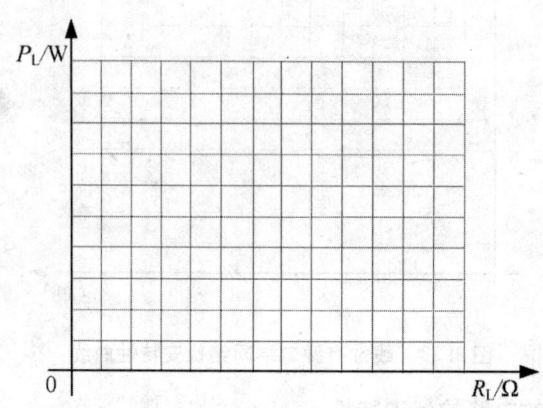

图3.25 线性有源二端网络负载功率变化曲线

4. 设计方案，验证诺顿定理

自行设计电路，验证诺顿定理。电路可用图3.21所示二端网络。
① 画出诺顿等效电路图，标明元件参数。
② 写出实验步骤，自拟数据记录表格。
③ 对实验数据进行处理，并对结果进行分析，给出实验结论。

四、预习要求

1. 手工计算出电路的开路电压、短路电流和等效电阻。
2. 利用 Multisim 建立仿真电路，并测量开路电压、短路电流和等效电阻。
3. 利用 Multisim 建立仿真电路，测量并绘制二端网络的伏安特性曲线。
4. 在 Multisim 下建立戴维南等效电路模型，验证戴维南定理。

五、思考题

1. 对比理论计算、仿真与实验结果，分析产生误差的原因。
2. 对于内部结构未知的实际电路，应采用什么方法测量其等效电阻？
3. 在实验过程中如何保证能够正确验证戴维南定理？

六、实验报告要求

1. 在同一个坐标系中作出单口网络及其戴维南等效电路的伏安特性曲线，验证戴维南定理。

2. 将仿真结果与实验结果进行对比,分析误差原因。
3. 实验原始数据记录完整,实验步骤清楚。
4. 电路伏安特性曲线应绘制在坐标纸上。
5. 对实验进行简单小结,回答思考题,并谈谈感受。

实验六　受控源的实验研究

一、实验目的

1. 掌握受控源伏安特性的测试方法。
2. 加深对四种类型受控源的理解。

二、实验原理

受控源与独立电源不同。独立电源向外提供的电压或电流是由元件自身决定的,独立电源是一种有源二端元件。受控源也可以向外提供一定的电压或电流,但其大小要受电路中其他支路上的电压或电流的控制。受控源是一种有源双口元件(四个端子),由两条支路组成:一条为控制支路,这条支路为开路或短路;另一条为受控支路,受控支路可以为一个电压源或者电流源,且电压源的电压或电流源的电流受控制支路上的开路电压或短路电流的控制。

受控源共有四类。

(1) 电压控制电压源(VCVS),电路模型如图 3.26(a)所示,其伏安特性为

$$\begin{cases} i_1 = 0 \\ u_2 = \mu u_1 \end{cases}$$

其中 $\mu = \dfrac{u_2}{u_1}$ 称为转移电压比(即电压放大倍数)。

(2) 电流控制电压源(CCVS),电路模型如图 3.26(b)所示,其伏安特性为

$$\begin{cases} u_1 = 0 \\ u_2 = r i_1 \end{cases}$$

其中 $r = \dfrac{u_2}{i_1}$ 称为转移电阻。

(3) 电压控制电流源(VCCS),电路模型如图 3.26(c)所示,其伏安特性为

$$\begin{cases} i_1 = 0 \\ i_2 = g u_1 \end{cases}$$

其中 $g = \dfrac{i_2}{u_1}$ 称为转移电导。

(4) 电流控制电流源（CCCS），电路模型如图 3.26（d）所示，其伏安特性为

$$\begin{cases} u_1 = 0 \\ i_2 = \alpha i_1 \end{cases}$$

其中 $\alpha = \dfrac{i_2}{i_1}$ 称为转移电流比（即电流放大倍数）。

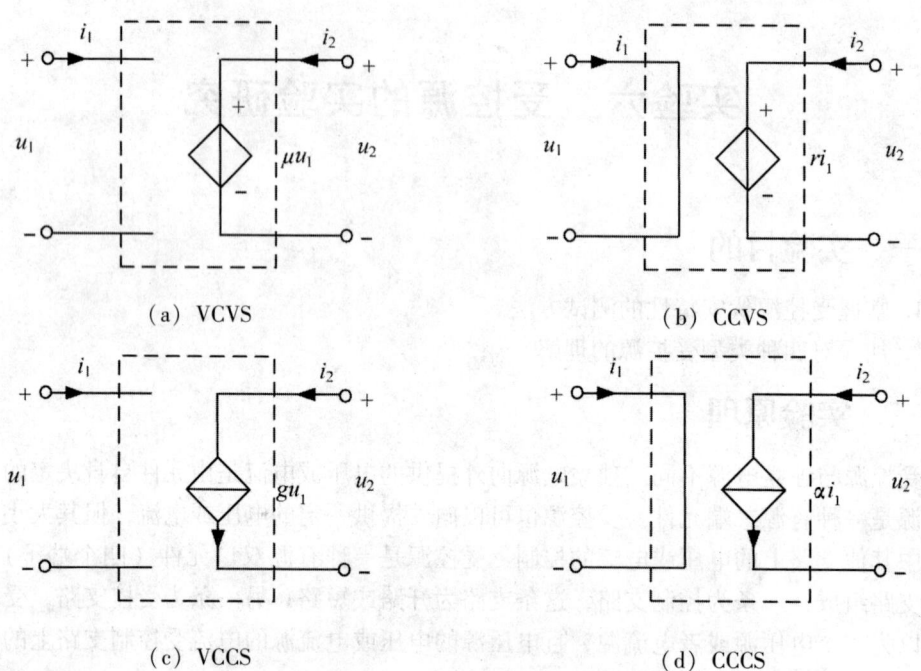

图 3.26　受控源的电路模型

三、实验内容

1. 测量 VCVS 的转移特性与负载特性

① 实验电路如图 3.27 所示。在端钮 1 – 1′ 间接入一个直流电压源，在 2 – 2′ 间接入电阻 $R_L = 1\text{k}\Omega$。

② 调节稳压电源的输出电压，测量出 U_2 的值，并将数据记录在表 3.15 中。

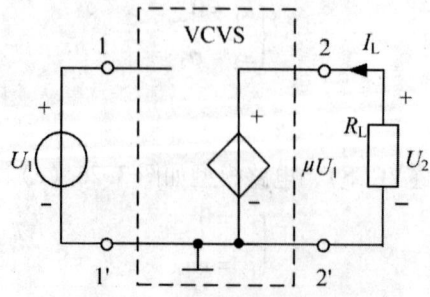

图 3.27　VCVS 的特性测量电路

表3.15　VCVS转移特性测量数据

U_1/V	0	1.0	2.0	3.0	5.0	μ
U_2/V						

③ 保持 $U_1 = 2\text{V}$，将 R_L 换成可变电阻，改变 R_L 的值，测出负载的电压 U_2 及电流 I_L，并将数据记录在表3.16中。

表3.16　VCVS负载特性测量数据

R_L/Ω	60	70	80	90	100	200	300	∞
U_2/V								
I_L/mA								

④ 根据表3.15的数据绘出VCVS的电压转移特性曲线 $U_2 = f(U_1)$，并在其线性部分求出转移电压比 μ，根据表3.16的数据绘制负载特性曲线 $U_2 = f(I_L)$。

2. 测量CCVS的转移特性与负载特性

① 实验电路如图3.28所示。在端钮 1-1′ 间接入一个直流电流源，在 2-2′ 间接入电阻 $R_L = 1\text{k}\Omega$。

② 改变恒流源的输出电流，测出 U_2 的值，并将数据记录在表3.17中。

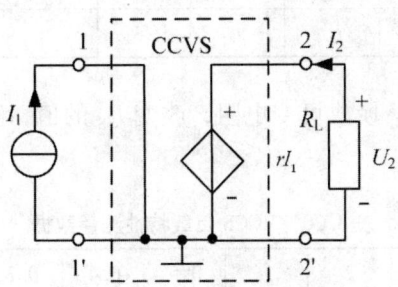

图3.28　CCVS的特性测量电路

表3.17　CCVS转移特性测量数据

I_1/mA	0.1	1.0	3.0	5.0	6.0	7.0	8.0	9.0	r
U_2/V									

③ 保持 $I_1 = 2\text{mA}$，将 R_L 换成可变电阻，改变 R_L 的值，测出 U_2 及电流 I_L，并将数据记录在表3.18中。

表3.18　CCVS负载特性测量数据

R_L/kΩ	0.5	1	2	4	6	8	10
U_2/V							
I_L/mA							

④ 根据表 3.17 的数据绘出 CCVS 的电压转移特性曲线 $U_2 = f(I_1)$，并在其线性部分求出转移电阻 r，根据表 3.18 的数据绘制负载特性曲线 $U_2 = f(I_L)$。

3. 测量 VCCS 的转移特性与负载特性

① 实验电路如图 3.29 所示。在端钮 1－1'间接入一个直流电压源，在 2－2'间接入电阻 $R_L = 1\text{k}\Omega$。

② 改变电压源的输出电压，测出 I_L 的值，并将数据记录在表 3.19 中。

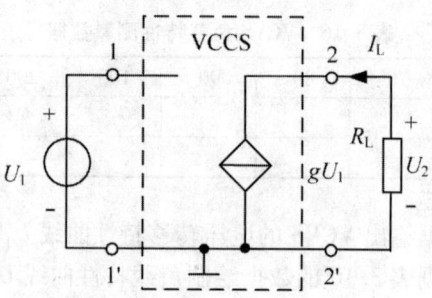

图 3.29　VCCS 的特性测量电路

表 3.19　VCCS 转移特性测量数据

U_1/V	0.1	0.5	1.0	2.0	3.0	3.5	3.7	4.0	g
I_L/mA									

③ 保持 $U_1 = 2\text{V}$，将 R_L 换成可变电阻，改变 R_L 的值，测出 I_L 及 U_2，并将数据记录在表 3.20 中。

表 3.20　VCCS 负载特性测量数据

R_L/kΩ	5	4	2	1	0.5	0.4	0.3	0.2	0.1	0
I_L/mA										
U_2/V										

④ 根据表 3.19 的数据绘出 VCCS 的电压转移特性曲线 $I_L = f(U_1)$，并在其线性部分求出转移电导 g，根据表 3.20 的数据绘制负载特性曲线 $I_L = f(U_2)$。

*4. 测量 CCCS 的转移特性与负载特性

① 实验电路如图 3.30 所示。在端钮 1－1'间接入一个恒流源，在 2－2'间接入电阻 $R_L = 1\text{k}\Omega$。

② 改变电流源的输出电流，测出 I_L 的值，并将数据记录在表 3.21 中。

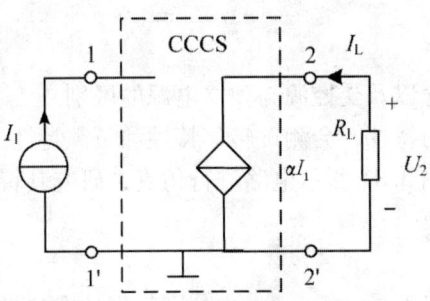

图 3.30　CCCS 的特性测量电路

表 3.21　CCCS 转移特性测量数据

I_1/mA	0.1	0.2	0.5	1.0	1.5	2.0	2.2	α
I_L/mA								

③ 保持 $I_1 = 2$mA，将 R_L 换成可变电阻，改变 R_L 的值，测出 I_L 及 U_2，并将数据记录在表 3.22 中。

表 3.22　CCCS 负载特性测量数据

R_L/kΩ	0	0.2	0.4	0.6	0.8	1	2	5	10	20
I_L/mA										
U_2/V										

④ 根据表 3.21 的数据绘出 CCCS 的电压转移特性曲线 $I_L = f(I_1)$，并在其线性部分求出电流放大倍数 α，根据表 3.22 的数据绘制负载特性曲线 $I_L = f(U_2)$。

*5. 实际受控源特性研究

研究如图 3.31 所示由运放组成的受控源的特性并通过实验进行测试。

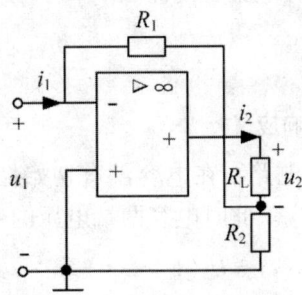

图 3.31　运放组成的受控源电路

① 推导出电路的输入、输出特性。
② 设计实验步骤测试该受控源的转移特性和输出特性。数据表格自拟。

四、预习要求

1. 理解受控源的概念以及受控源与独立电源的区别。
2. 了解几种受控源的特性，会测试转移特性和负载特性。
*3. 在 Multisim 下对图 3.31 所示电路进行仿真，研究其特性。

五、思考题

1. 四种受控源的转移参量 μ、r、g、α 分别代表什么含义？实验中应该如何测得？
2. 若受控源的控制量极性反向，那么它的输出极性是否会发生变化？
3. 若将受控源的控制量改为交流信号，那么它的控制特性是否会发生改变？

六、实验报告要求

1. 四种受控源的转移特性曲线和负载特性曲线应绘制在坐标纸上。
*2. 设计实验步骤，应标明电路参数。
3. 回答所有的思考题。
4. 实验报告内容完整，对实验结果进行必要的分析和总结。

实验七 一阶电路暂态特性的研究

一、实验目的

1. 掌握示波器和信号源的使用方法。
2. 掌握一阶电路暂态过程的观测方法。
3. 学习利用示波器测量电路时间常数的方法。
4. 掌握 RC 微分电路和积分电路的设计。

二、实验原理

1. 一阶 RC 电路的零状态响应

如图 3.32 所示的一阶 RC 电路，在电容没有初始储能的条件下，由外加激励所引起的响应就是电路的零状态响应。此时电容两端电压的变化规律为

$$u_C(t) = U_s(1 - e^{-\frac{t}{\tau}}) \qquad t \geq 0$$

其中 $\tau = RC$ 为一阶 RC 电路的时间常数。零状态响应实际上就是电容的充电过程，电容两端电压随时间变化的曲线如图 3.33 所示，当 $t = \tau$ 时，$u_C(t) = 0.632 U_s$。

2. 一阶 RC 电路的零输入响应

在没有外加激励时，由动态元件的初始储能所引起的响应就是一阶电路的零输入响

第三章　电工与电路基础实验

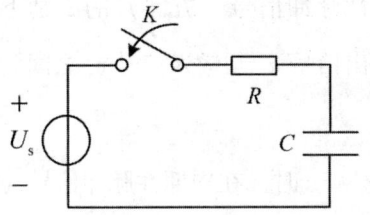 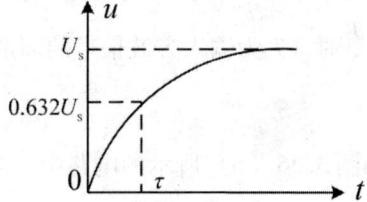

图 3.32　零状态一阶 RC 电路　　图 3.33　一阶 RC 电路零状态响应曲线

应，如图 3.34 所示。此时电容两端电压的变化规律为

$$u_C(t) = U_s e^{-\frac{t}{\tau}} \qquad t \geq 0$$

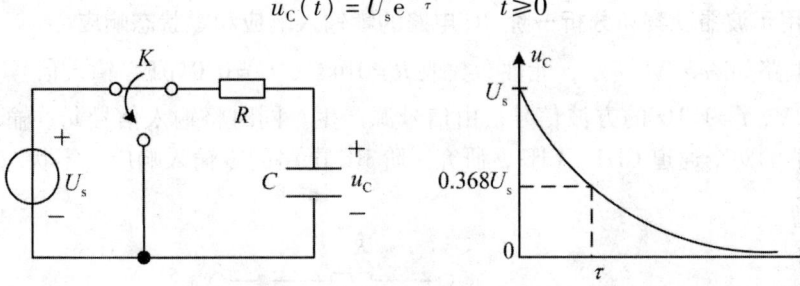

图 3.34　零输入一阶 RC 电路　　图 3.35　一阶 RC 电路的零输入相应曲线

电容两端电压随时间变化的曲线如图 3.35 所示，当 $t = \tau$ 时，$u_C(t) = 0.368 U_s$。

时间常数 τ 是衡量一阶电路特性的一个重要参数，可以通过示波器直接进行测量，即在图 3.33、3.35 中找出 $0.632 U_s$ 和 $0.368 U_s$，对应的时间轴坐标就是时间常数 τ。

需要注意的是，动态电路的过渡过程是十分短暂的单次变化过程，用普通示波器观察过渡过程和测量有关的参数，必须使这种单次变化的过程重复出现。因此，在观测一阶电路的过渡过程时，就是利用方波输出的上升沿作为零状态响应的正阶跃激励信号；利用方波的下降沿作为零输入响应的负阶跃激励信号。只要选择方波的周期远大于电路的时间常数，那么电路在这样的序列脉冲信号的激励下，它的响应就和直流电接通与断开的过渡过程是基本相同的。

3. 积分电路与微分电路

积分电路与微分电路是有着广泛应用的两种电路，它们不仅可以实现基本的积分运算和微分运算，还可以实现波形的变换。由 R、C 元件构成的积分电路和微分电路的结构如图 3.36 所示。

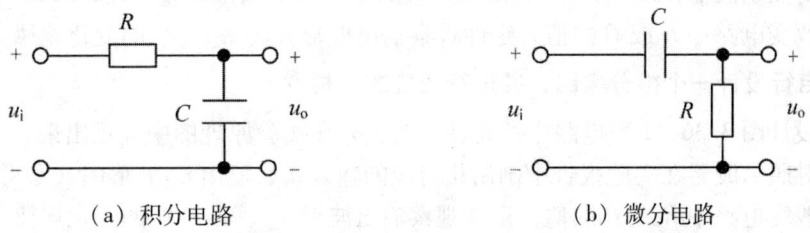

（a）积分电路　　　　　　　　　　（b）微分电路

图 3.36　积分、微分电路结构图

在如图3.36（a）所示的电路中，在周期性脉冲信号（方波）的激励下，当满足 $\tau = RC \gg \dfrac{T}{2}$ 时（T 为输入方波信号的周期），输出信号 u_o 与输入信号 u_i 之间为近似的积分关系。

在如图3.36（b）所示的电路中，当 $\tau = RC \ll \dfrac{T}{2}$ 时，在周期性脉冲信号（方波）的激励下，输出信号 u_o 与输入信号 u_i 之间为近似的微分关系。

三、实验内容

1. 利用示波器观察和分析一阶 RC 电路的零输入响应和零状态响应

实验电路如图3.37所示，元件参数取 $R = 10\text{k}\Omega$，$C = 0.01\mu\text{F}$，输入信号 u_i 为峰峰值 $U_{p-p} = 2\text{V}$、$f = 1\text{kHz}$ 的方波信号，由信号源产生。同时将输入信号 u_i、输出信号 u_o 接入示波器的两个通道 CH1、CH2，研究一阶 RC 电路的零输入响应、零状态响应的规律和特点。

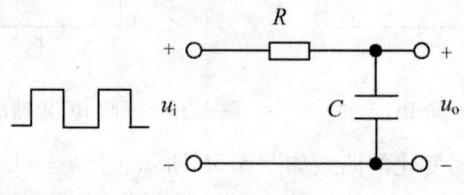

图3.37 电路结构图

① 在电路结构图上标示出 R、C 和 u_i 的参数值，验算电路参数是否满足 $\dfrac{T}{2} \geq (3 \sim 5)\tau$。

② 画出 u_i、u_o 对应的波形图。

③ 对照示波器在坐标纸上按照 1∶1 的比例画出零输入响应和零状态响应曲线，并读出该一阶电路的时间常数 τ。

注意：示波器和信号源的接地端在使用时应该接在一起（通常称之为"共地"），以减少外界干扰信号对输出的影响。

2. 自行设计一个积分电路，并进行相应的分析

① 设计图3.36（a）电路中的元件参数，并在实验原理图中标示出来。

② 对照示波器在图3.38中画出相对应的输入 u_i、输出 u_{o1} 波形图。

③ 改变电路中 R 或 C 的值，定性观察输出波形 u_{o2}、u_{o3}……的变化规律。

3. 自行设计一个微分电路，并进行相应的分析

① 设计图3.36（b）电路中的元件参数，并在实验原理图中标示出来。

② 对照示波器在实验报告中画出相对应的输入 u_i、输出 u_{o1} 波形图（参考图3.38）。

③ 改变电路中 R 或 C 的值，定性观察输出波形 u_{o2}、u_{o3}……的变化规律。

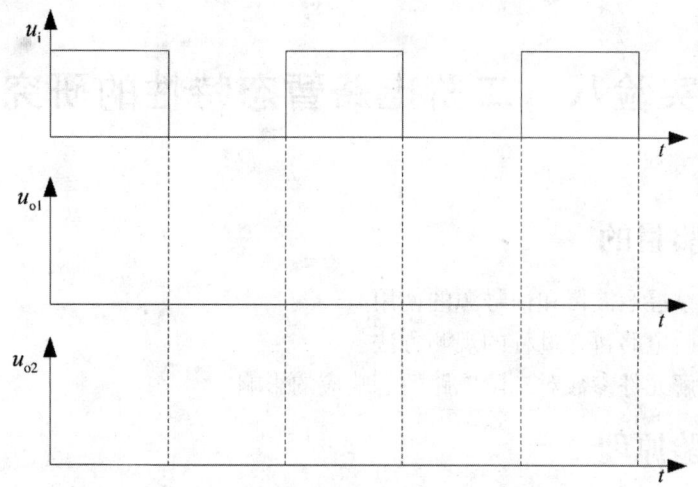

图 3.38 积分电路输入、输出波形框架图

四、预习要求

1. 理解一阶电路暂态响应的特性和变化规律。
2. 理解积分电路和微分电路的基本概念。
3. 了解信号源和示波器的使用方法。
4. 利用仿真软件 Multisim 完成上述内容的仿真实验,并存储仿真结果,以便与实际操作结果进行对比。

五、思考题

1. 在仿真实验中观察到的波形与实际操作结果是否相同?为什么?
2. 在实验内容 1 中,为保证较准确地测出电路的时间常数 τ,所加激励方波信号应满足什么条件?若改变电路中的 R、C,令 $R = 1\text{k}\Omega$,$C = 0.1\mu\text{F}$,所加激励信号的频率应该进行怎样的调整?
3. 总结构成微分电路和积分电路的条件,微分电路输出的尖脉冲有哪些应用?
*4. 比较由 R、C 元件构成的无源微分、积分电路与由运放构成的有源微分和积分电路的区别。

六、实验报告要求

1. 简明扼要,原理、内容清晰。
2. 实验内容 1 的响应曲线应画在坐标纸上,将实验结果与仿真结果、理论计算结果进行对比分析。
3. 改变参数后的响应曲线应有相应的参数标示。
4. 回答所有思考题,简单总结实验心得。

实验八 二阶电路暂态特性的研究

一、实验目的

1. 进一步掌握示波器和信号源的使用。
2. 学会二阶电路暂态过程的观测方法。
3. 深入理解元件参数对二阶电路暂态响应的影响。

二、实验原理

1. 二阶电路是可以用二阶微分方程来描述的电路。以 RLC 串联电路为例,如图 3.39 所示,电路的特性可以用微分方程描述为

$$LC\frac{d^2 u_C(t)}{dt^2} + RC\frac{du_C(t)}{dt} + u_C(t) = u_s(t)$$

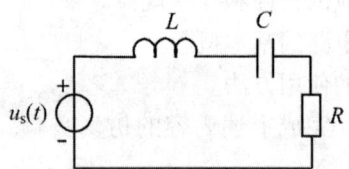

图 3.39 RLC 串联电路

在已知初始条件 $u_C(0)$ 和 $i_L(0)$ 时可以解得 $u_C(t)$。

二阶电路的暂态过程与电路的参数有着密切的关系。根据元件参数的不同,电路的暂态过程有过阻尼、临界阻尼和欠阻尼三种不同的情况。

① 当 $R > 2\sqrt{\dfrac{L}{C}}$ 时,电路处于过阻尼状态,此时电路的暂态响应为非振荡性的衰减响应过程。

② 当 $R = 2\sqrt{\dfrac{L}{C}}$ 时,电路处于临界阻尼状态,此时电路的暂态响应为非振荡性的临界衰减过程。

③ 当 $R < 2\sqrt{\dfrac{L}{C}}$ 时,电路处于欠阻尼状态,此时电路的暂态响应为振荡性的衰减响应过程。此时若 R 进一步减小为 $R = 0$,则电路的响应成为等幅振荡。

2. 在实验中,二阶电路的暂态过程可以通过给电路施加方波激励并通过示波器进行观测。在欠阻尼过程中,二阶电路的特性可以通过衰减系数 α 和衰减振荡角频率 ω_d 来描述。它们的定义分别为

$$\alpha = \frac{R}{2L}, \quad \omega_d = \sqrt{\frac{1}{LC} - \frac{R^2}{4L^2}}$$

这两个参数也可以从响应波形中测算出来。从图 3.40 中，可以得到

衰减周期：$T_d = t_2 - t_1$

衰减振荡角频率：$\omega_d = \dfrac{2\pi}{T_d}$

衰减系数：$\alpha = \dfrac{1}{T_d} \ln \dfrac{U_{1m}}{U_{2m}}$

注意：由于电路的暂态过程很快，为便于观测，所选用方波信号的脉宽 t_p 应远大于 $\dfrac{1}{\alpha}$。

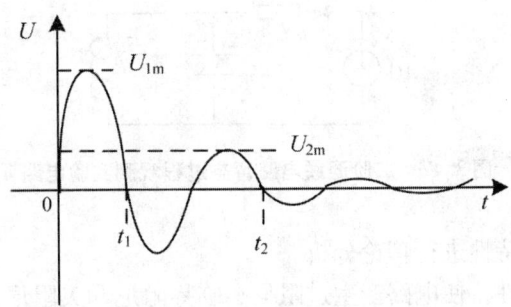

图 3.40　二阶电路欠阻尼状态波形

三、实验内容

1. 观察 RLC 串联电路的暂态过程

按图 3.41 连接电路，其中 $C = 0.1\mu\text{F}$，$L = 20\text{mH}$。$u_s(t)$ 为信号发生器产生的峰峰值为 2V、频率为 1kHz 的方波信号。

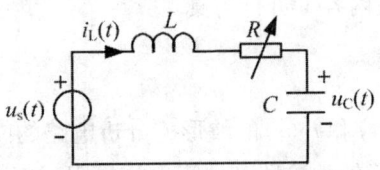

图 3.41　RLC 串联电路暂态过程观测实验电路

① 调节可变电阻 R，使其满足 $R > 2\sqrt{\dfrac{L}{C}}$，测量并记录下此时 R 的值，通过示波器观察 $u_C(t)$ 和 $i_L(t)$ 的波形并记录在坐标纸上。

② 缓慢减小 R，使电路分别工作在临界阻尼和欠阻尼状态，观察并记录 $u_C(t)$ 和 $i_L(t)$ 的波形，要求同上。

2. 测量欠阻尼状态的特性参数

电路保持不变，调节电路参数使其工作在欠阻尼状态。

① 计算出衰减系数 α 和衰减振荡角频率 ω_d 的理论值。

② 利用示波器观察 $u_C(t)$ 的波形，将其按 1∶1 比例画在坐标纸上。

③ 从波形上测出衰减系数 α 和衰减振荡角频率 ω_d，并与理论值进行比较，计算出相对误差。

*3. 二阶混联电路的暂态响应特性研究

自行设计实验方法和步骤，对图 3.42 所示 RLC 混联电路的暂态响应特性进行研究。

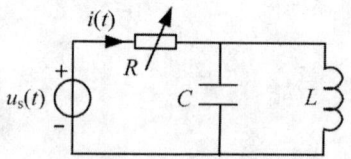

图 3.42　二阶混联电路暂态过程观测实验电路

要求：

① 对电路的暂态特性进行理论分析。

② 选择合适的元件，使电路产生过阻尼、临界阻尼和欠阻尼三种不同的暂态响应。

③ 实验步骤要清晰、完整，实验电路应标明元件及参数。

④ 正确记录电路暂态过程，并根据所观察到的现象进行必要的分析、总结。

四、预习要求

1. 了解二阶电路暂态特性的分析方法以及响应的特点，了解衰减系数和衰减振荡角频率的定义及含义。

2. 掌握利用示波器观察电路信号的方法。

3. 在 Multisim 下对实验内容 1 进行仿真。

五、思考题

1. 根据所观察到的 $u_C(t)$ 和 $i_L(t)$ 的波形，分析电路的能量变化过程。

2. 根据 RLC 串联电路元件的参数，计算出临界阻尼时的 R 值。该值与实验结果是否完全相同？为什么？

六、实验报告要求

1. 根据观测结果，在坐标纸上描绘二阶电路过阻尼、临界阻尼和欠阻尼的响应波形。

2. 测算欠阻尼时的 α 与 ω_d。

3. 将仿真结果进行对比分析。

4. 实验报告应内容完整、记录清晰，并对实验进行简单总结。

实验九 交流电路阻抗特性的判别与等效参数的测定

一、实验目的

1. 理解 R、L、C 元件的交流特性。
2. 了解判断交流电路阻抗性质的方法。
3. 掌握交流数字电压表、电流表和功率表的使用方法。
4. 掌握利用三表法测量交流电路参数的方法。

二、实验原理

1. 交流电路阻抗的定义

在正弦交流电路中,端口电压相量与电流相量的比值称为电路的阻抗:

$$Z = \frac{\dot{U}}{\dot{I}} = R + jX = |Z|(\cos\varphi_z + j\sin\varphi_z)$$

其中阻抗角 φ_z 代表电压与电流的相位差,$\varphi_z > 0$ 则电压超前电流,阻抗呈感性;$\varphi_z < 0$ 则电压滞后电流,阻抗呈容性;$\varphi_z = 0$ 则电压与电流同相,阻抗呈电阻性。对单个电路元件有

$$Z_R = R, \quad Z_L = j\omega L = jX_L, \quad Z_C = -j\frac{1}{\omega C} = -jX_C$$

其中 X_C 和 X_L 分别称为电容的容抗和电感的感抗。在正弦交变信号作用下,R、L、C 的阻抗频率特性 $R \sim f$,$X_L \sim f$,$X_C \sim f$ 曲线如图 3.43 所示。

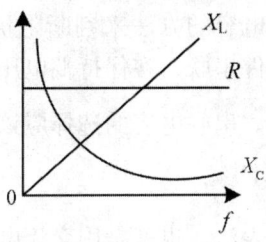

图 3.43 R、L、C 的阻抗频率特性

2. 阻抗性质的判别方法

(1) 利用示波器判别阻抗性质

利用双踪示波器同时观察电路的电压以及流经电路的电流,就可以判别阻抗的性质,如图 3.44 所示。其中 r 是为方便电流测量而引入的小电阻。由于 r 的阻值远小于被

测元件的阻抗，因此可以认为输入电压 u_i 就是被测元件的端电压，而流过电路的电流可以通过 r 两端的电压除以 r 得到。从示波器的显示屏上可以观察到电压和电流的波形以及它们的相位差，进而判断出阻抗的性质。

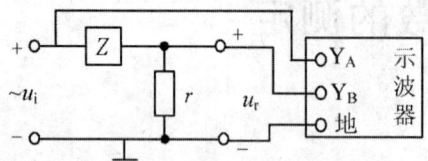 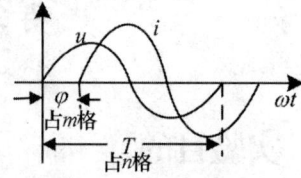

图 3.44　利用示波器判断阻抗性质　　　　图 3.45　阻抗角测量

假设示波器观察到的波形如图 3.45 所示（其中电流波形是通过测量电阻 r 两端电压波形来间接得到的），则可以判断出电压超前电流，阻抗呈感性。从显示屏上读出两个波形的相位差（即阻抗角 φ）占 m 格，信号一个周期占 n 格，则阻抗角为

$$\varphi = \frac{m}{n} \times 360°$$

（2）在被测元件两端并联或串联电容来判别阻抗性质

如图 3.46（a）所示，在被测元件两端并联一只适当容量的电容，若串接在电路中电流表的读数增大，则被测阻抗为容性，电流减小则为感性。并联电容 C' 的选择应该满足 $C' < \left|\dfrac{2X}{\omega}\right|$，其中 X 为并联电容前的电抗。

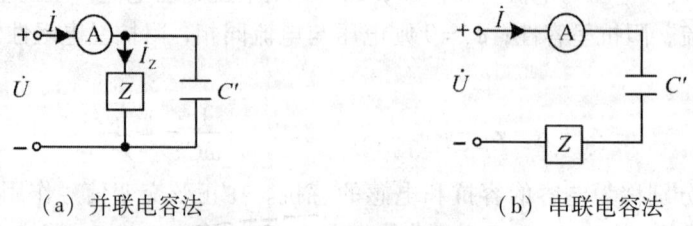

（a）并联电容法　　　　　　　（b）串联电容法

图 3.46　电容法判断阻抗性质

也可以通过与被测元件串联电容的方法来判断阻抗的性质，如图 3.46（b）所示。用一个适当容量的电容与被测元件串联，在保持端电压不变的情况下，若电流减小，则被测阻抗呈容性，反之则呈感性。串联电容的选择应该满足判定条件 $C' > \dfrac{\omega}{2|X|}$。

3. 阻抗大小的测量方法

测量阻抗基本的方法就是三表法，也就是用交流电压表、交流电流表和功率表分别测出元件的电压 U、电流 I 以及功率 P，则阻抗各分量可以通过计算得出：

$$\cos \varphi = \frac{P}{UI}, \quad |Z| = \frac{U}{I}$$

$$R = \frac{P}{I^2} = |Z|\cos \varphi, \quad X = |Z|\sin \varphi$$

$$L = \frac{X}{\omega}, \quad C = \frac{1}{\omega X}$$

三表法测量交流电路参数的电路如图 3.47 所示。其中 Z 可以是单个电阻、电容或电感元件，也可以是未知的二端网络。三表法是测量 50Hz 交流电路参数的基本方法。

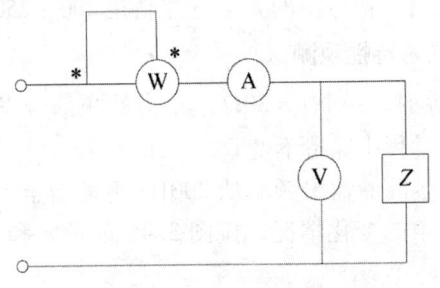

图 3.47　三表法测量电路

三、实验内容

1. R、L、C 元件阻抗特性观测

实验电路如图 3.48 所示，其中 $r = 30\Omega$，u_i 为低频信号发生器产生的 $U = 2\text{V}$ 的正弦信号，并且在整个测量过程中保持不变。

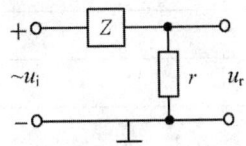

图 3.48　实验电路

① 取 $R = 1\text{k}\Omega$，使信号源的输出频率从 200Hz 逐渐增至 5kHz，用交流电压表测量 U_r，并计算各频率点时的电流以及元件的阻抗，将数据记录入表 3.23 中。

表 3.23　R、L、C 阻抗参数测量值

	f/Hz				
R	U_r/V				
	I_R/mA（U_r/r）				
	R/Ω（U/I_R）				
C	U_r/V				
	I_C/mA（U_r/r）				
	X_C/Ω（U/I_C）				
L	U_r/V				
	I_L/mA（U_r/r）				
	X_L（U/I_L）				

② 分别取 $C=1\mu F$ 及 $L=10mH$，重复①的过程。
③ 在坐标纸上做出元件的 $X \sim f$ 曲线。
注意：在接通 C 测试时，信号源的频率应控制在 $200 \sim 2500 Hz$ 之间。

2. R、L、C 元件阻抗角特性观测

实验电路如图 3.44 所示，其中 $r=30\Omega$，u_i 为低频信号发生器产生的 $U=2V$ 的正弦信号，并且在整个测量过程中保持不变。

① 取 $R=1k\Omega$，使信号源的输出频率从 200Hz 逐渐增至 5kHz，用双踪示波器观察在不同频率下各元件阻抗角的变化情况，按图 3.45 记录 n 和 m，算出 φ，将数据记录入表 3.24 中。

表 3.24 R、L、C 阻抗角参数测量值

	f/Hz					
R	n					
	m					
	φ					
C	n					
	m					
	φ					
L	n					
	m					
	φ					

② 分别取 $C=1\mu F$ 及 $L=10mH$，重复①的过程。
③ 在坐标纸上做出元件的 $\varphi \sim f$ 曲线。
注意：在接通 C 测试时，信号源的频率应控制在 $200 \sim 2500 Hz$ 之间。

3. 三表法测量电路等效参数

实验电路如图 3.47 所示，其中 u_i 为低频信号发生器产生的 $U=2V$ 的正弦信号，$f=1kHz$。

① 将 L、C 串联，按图 3.47 连接电路，并将三表的测量值记录入表 3.25 中。

表 3.25 测试数据

被测阻抗	测量值				计算值		电路等效参数		
	U/V	I/A	P/W	$\cos\varphi$	Z/Ω	$\cos\varphi$	R/Ω	L/mH	$C/\mu F$
L 与 C 串联									
L 与 C 并联									

② 将 L、C 并联，按图 3.47 连接电路，并将三表的测量值记录入表 3.25 中。

*③ 采用电容法判断所测阻抗的性质。

注意：功率表在使用时，电压线圈的"＊"端应与电流线圈的"＊"端相连后接至电源，电流线圈与被测元件串联，电压线圈与被测元件并联。

四、预习要求

1. 了解阻抗的定义和判别阻抗性质的方法，了解交流电路的有功功率、无功功率、视在功率、功率因数的定义与物理含义。
2. 了解功率表、交流电压表、交流电流表的使用方法。
3. 利用仿真软件 Multisim 完成上述内容的仿真实验，并存储仿真结果，以便与实际操作结果进行对比。

五、思考题

1. 测量 R、L、C 各个元件的阻抗角时，为什么要与它们串联一个小电阻？可否用一个小电感或大电容代替？为什么？
2. 对比仿真结果与实际测量结果，二者是否完全一致？为什么？
3. 当采用电容法判断阻抗的性质时，串联或并联电容后，电路的总功率是否发生变化？为什么？

六、实验报告要求

1. 内容完整、清楚，画出实际电路图，并标明元件参数。
2. 根据测量结果，计算出元件阻抗参数或判别出阻抗性质。
3. 在坐标纸上画出 R、L、C 元件的 $X \sim f$ 曲线以及 $\varphi \sim f$ 曲线。
4. 对实验进行简单总结，并回答所有思考题。

实验十 交流电路功率测量及功率因数的提高

一、实验目的

1. 了解并掌握日光灯电路的原理和接线方法。
2. 进一步熟悉交流数字电压表、电流表和功率表的使用方法。
3. 理解并掌握提高交流电路功率因数的方法。

二、实验原理

1. 正弦交流电路中的功率有平均功率（有功功率）P、无功功率 Q、视在功率 S 等，各功率的定义分别为

$$P = UI\cos\varphi$$
$$Q = UI\sin\varphi$$
$$S = UI$$
$$\lambda = \cos\varphi$$

其中 λ 为电路的功率因数，φ 为功率因数角。平均功率是电路实际消耗的功率，通常在电路中测量的也是电路的平均功率。平均功率可以采用功率表直接进行测量。

2. 日光灯电路如图 3.49 所示，图中 A 是日光灯管，L 是镇流器，S 是启辉器。灯管内壁均匀涂有荧光物质，两端装有灯丝电极，灯丝上涂有发射电子的氧化物，管内充有少量水银蒸汽及惰性气体。镇流器为带有铁芯的电感线圈，在灯管启动时将产生足够大的自感电动势，使其发光。灯管正常发光后，镇流器起限制电流的作用。启辉器由充有氖气的玻璃泡构成，内部装有两个电极。其中的动片由膨胀系数不同的两种金属材料制成，当受热时将自动伸展而接通，冷却后又自动缩回而断开，相当于一个自动开关。

接通电源时，首先是启辉器的两个电极在电源作用下放电，产生的热量使其动片伸展而接通定片。于是，电源、镇流器、灯管灯丝、启辉器构成闭合回路，使灯丝有较大电流通过而发热，并发射电子，为灯管点亮做准备。启辉器在两个电极接通后，灯管两端压降大为降低，使动片冷却缩回，断开两个电极，致使电路电流突然中断，镇流器线圈两端产生很高的自感电动势，与电源电压叠加后作用于灯管两端。灯管两端的瞬间高压引起内部的惰性气体电离而放电。此时，灯管内温度逐渐升高，使水银汽化，灯管由惰性气体放电过渡到水银气体放电，于是灯管导通，辐射出紫外线，激励管壁的荧光粉发出近似日光的光束。灯管点燃后，电流便从镇流器和灯管流过。这时电源电压一部分作用在镇流器上，另一部分作用在灯管上，维持灯管内的放电而持续发光。

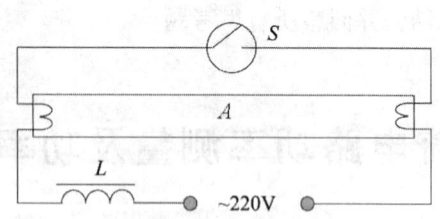

图 3.49 日光灯电路

镇流器是一个线圈，因此忽略镇流器的等效电阻时，日光灯电路可以等效为一个 RL 串联电路，如图 3.50 中虚线框内所示，其中 R 为灯管的等效电阻。

3. 在实际中，电力系统的负载大多是呈感性的，即其功率因数小于1。功率因数越低，线路上的损耗越大，电源得不到充分的利用。因此要想办法提高电路的功率因数，常用的方法就是在感性负载两端并联电容，如图 3.50 所示。通过并联电容补偿掉一部分电感的无功功率，使电源提供的视在功率减小，而有功功率不变，因此电路的功率因数增大。

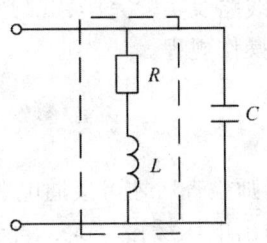

图 3.50　并联电容提高电路功率因数

三、实验内容

1. 测量电路的功率与功率因数

电路如图 3.51 所示，其中 R 为 25W/220V 白炽灯，C 为 1μF/500V 的电容，L 为镇流器。按表 3.26 所述在 A、B 间接入不同器件，记录各表的读数，并分析负载性质。

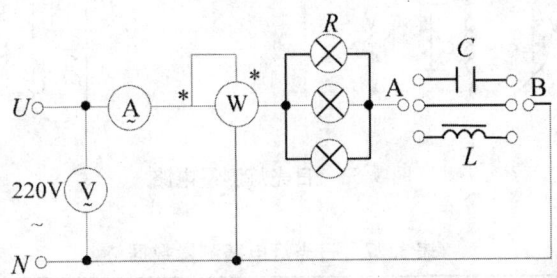

图 3.51　功率和功率因数测量电路

① 按图 3.51 连接好电路，其中 A、B 间用导线连接。
② 调节自耦调压器输出为 220V，记录三表的读数，将结果填入表 3.26 中。
③ 将调压器的旋柄慢慢调回零位，断开电源，在 A、B 间分别接入电容或电感（与 R 并联），重复步骤②。
④ 根据测量数据计算电路功率因数，判断阻抗性质。

表 3.26　功率测量数据

A、B 间	U/V	I/A	P/W	cos φ	负载性质
短接					
接入 C					
接入 L					

注意：
① 本实验直接用市电 220V 交流电源供电，实验中要特别注意人身安全，不可用手直接触摸通电线路的裸露部分，以免触电，进实验室应穿绝缘鞋。
② 自耦调压器在接通电源前，应将其手柄置在零位上，调节时，使其输出电压从

零开始逐渐升高。每次改接实验线路及实验完毕,都必须先将其旋柄慢慢调回零位,再断电源。必须严格遵守这一安全操作规程。

2. 日光灯电路

实验电路如图 3.52 所示。

① 按图连接电路,经指导老师检查后才可接通电源。

② 调节自耦调压器,使其输出电压缓慢增大,直到日光灯刚启辉点亮为止,将三表的测量值记入表 3.27 中。

③ 将电压逐渐调至 220V,测量功率 P、电流 I、电压 U、U_L、U_A 等值,将数据记入表 3.27 中。

④ 根据测量数据计算日光灯的等效电阻 r,并验证电压、电流相量关系。

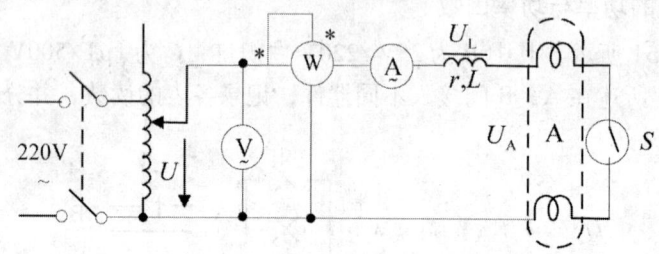

图 3.52 日光灯测量电路

表 3.27 日光灯电路测量数据

	测量数值					计算值
	P/W	$\cos\varphi$	I/A	U/V	U_L/V	U_A/V	r/Ω
启辉值							
正常工作值							

3. 验证并联电容提高电路功率因数的方法

实验电路如图 3.53 所示,其中 $C_1 = 1\mu F$,$C_2 = 2.2\mu F$,$C_3 = 4.7\mu F$。

① 按图连接电路,经指导老师检查后才可接通电源。

② 调节自耦调压器的输出电压为 220V 并保持不变。

③ 首先接通 C_1,将三表的测量值记入表 3.28 中。注意在测量电流时应分别测出并联电容前后的电流。

④ 分别将电容换为 C_2 和 C_3,重复步骤③。

⑤ 根据测量结果计算并联电容后负载的功率因数。

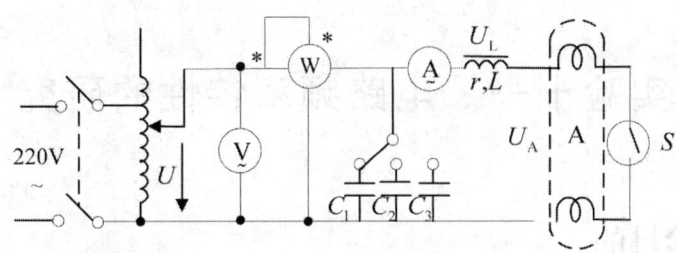

图 3.53 感性负载并联电容

表 3.28 提高电路功率因数测量数据

电容值 /μF	测量数值					计算值
	P/W	U/V	I/A	I_L/A	I_C/A	cos φ
1						
2.2						
4.7						

四、预习要求

1. 了解阻抗的定义和判别阻抗性质的方法，了解交流电路的有功功率、无功功率、视在功率、功率因数的定义与物理含义。
2. 了解日光灯的工作原理。
3. 熟悉功率表的使用方法。
4. 利用 Multisim 对实验内容 1 进行仿真。

五、思考题

1. 在日常生活中，当日光灯上缺少了启辉器时，人们常用一根导线将启辉器的两端短接一下，然后迅速断开，使日光灯点亮；或用一只启辉器去点亮多只同类型的日光灯，这是为什么？
2. 通过并联电容提高电路功率因数时，电路的总电流以及感性负载上的电流有何变化？
3. 能否通过串联电容提高电路的功率因数？为什么？

六、实验报告要求

1. 内容完整，数据记录清楚，并对结果进行必要的分析。
2. 对并联电容前后电路功率因数的变化进行对比，并分析总结提高电路功率因数的方法与意义。
3. 对实验中出现的问题及需要注意的地方进行简要总结。

实验十一 电路频率特性的研究

一、实验目的

1. 理解 RC 串并联网络的频率特性。
2. 掌握电路频率特性的测试方法。

二、实验原理

电路的频率特性反映了电路对于不同频率输入时，其响应随频率变化的规律，一般用电路的网络函数 $H(j\omega)$ 表示。在正弦稳态情况下，网络的响应相量与激励相量之比称为网络函数，它可以表示为

$$H(j\omega) = \frac{响应相量}{激励相量} = |H(j\omega)| e^{j\varphi(\omega)}$$

由上式可知，网络函数是频率的函数，其中网络函数的模 $|H(j\omega)|$ 与频率的关系称为幅频特性，网络函数的相角 $\varphi(\omega)$ 与频率的关系称为相频特性，后者表示了响应与激励的相位差与频率的关系。一个完整的网络频率特性应包括幅频特性和相频特性两个方面。

1. 一阶 RC 低通滤波电路的选频特性

所谓滤波电路就是利用容抗或感抗随频率而改变的特性，对不同频率的输入信号产生不同的响应，让需要的某一频带的信号顺利通过，而抑制不需要的其他频率的信号。滤波电路可分为低通、高通、带通和带阻等多种。除 RC 外还有其他电路也可组成各种滤波电路。

图 3.54（a）是一阶低通滤波电路，其网络函数：

$$H(j\omega) = \frac{\dot{U}_o}{\dot{U}_i} = \frac{\dfrac{1}{j\omega C}}{R + \dfrac{1}{j\omega C}} = \frac{1}{1 + j\dfrac{\omega}{\omega_0}}$$

其中，$\omega_0 = \dfrac{1}{RC}$ 为网络的固有角频率或自然角频率。幅频和相频特性分别为

$$|H(j\omega)| = \frac{1}{\sqrt{1 + \left(\dfrac{\omega}{\omega_0}\right)^2}}, \quad \varphi(\omega) = -\arctan\frac{\omega}{\omega_0}$$

低通滤波器的幅频特性与相频特性曲线如图 3.54（b）、（c）所示。当网络函数的幅值 $|H(j\omega)|$ 下降到最大值的 $1/\sqrt{2} = 0.707$ 时，所对应的角频率 ω_c 称为截止角频率，频率范围为 $0 < \omega < \omega_c$，称为通频带，对应 ω_c 处的相移为 $-45°$，如图 3.54（c）所示，

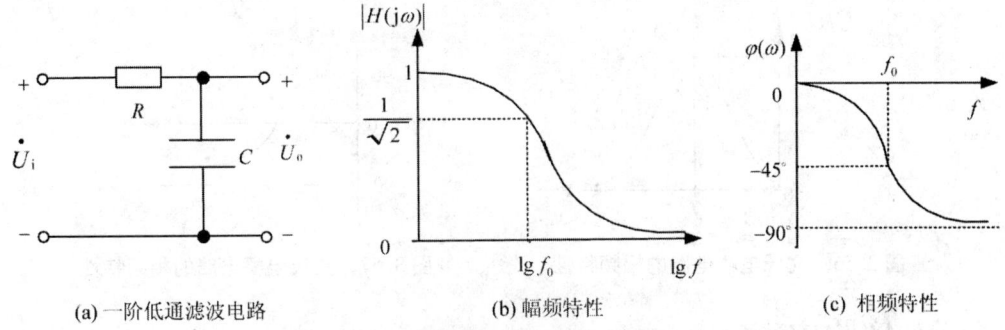

(a) 一阶低通滤波电路　　(b) 幅频特性　　(c) 相频特性

图 3.54　一阶低通滤波电路及频率特性曲线

一阶 RC 网络的截止频率与固有角频率相等，即 $\omega_c = \omega_0$。

2. 文氏电桥电路

文氏电桥电路是一个 RC 串、并联电路，如图 3.55 所示。该电路结构简单，被广泛地用于低频振荡电路中作为选频环节，可以获得很高纯度的正弦波电压。

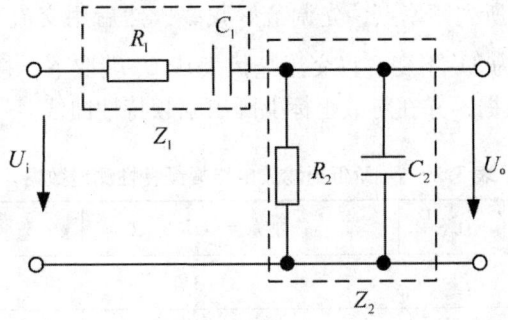

图 3.55　文氏电桥电路

用信号发生器的正弦输出信号作为图 3.55 的 U_i，并保持 U_i 值不变的情况下，改变输入信号的频率 f，用交流毫伏表或示波器测出输出端相应于各个频率点的输出电压 U_o 值，将这些数据画在以频率 f 为横轴、U_o 为纵轴的坐标纸上，用一条光滑的曲线连接这些点，该曲线就是上述电路的幅频特性曲线。

文氏桥路的一个特点是其输出电压幅度不仅会随输入信号的频率而变，而且还会出现一个与输入电压同相位的最大值，如图 3.56 所示。

由电路分析得知，该网络的传递函数为

$$H(j\omega) = \frac{1}{3 + j(\omega RC - 1/\omega RC)}$$

当角频率 $\omega = \omega_0 = \dfrac{1}{RC}$ 时，$|H(j\omega)| = \dfrac{U_o}{U_i} = \dfrac{1}{3}$，此时 U_o 与 U_i 同相。由图 3.57 可见 RC 串并联电路具有带通特性。

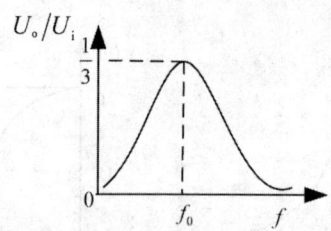
图 3.56 文氏电桥电路的幅频特性

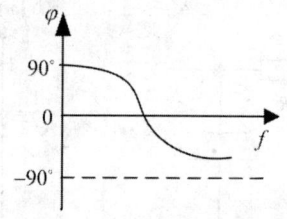
图 3.57 文氏电桥电路的相频特性

三、实验内容

1. 测量一阶 RC 电路的幅频特性

① 选定 $R=1\text{k}\Omega$、$C=0.1\mu\text{F}$，按图 3.54（a）所示连接电路。

② 保证在 $\dot{U}_\text{i}=3\text{V}$ 不变的情况下，由低到高调整频率 f，观测 $\dot{U}_\text{o}$ 的有效值的变化，并确定当 $\dot{U}_\text{i}=3\text{V}$、$U_\text{o}=0.707$、$U_\text{i}=2.121\text{V}$ 时的频率点 f_0。

③ 按照表 3.29 中所列频率点，先调节好频率，然后用交流毫伏表测量 $\dot{U}_\text{i}$ 的有效值，保证 $\dot{U}_\text{i}$ 的有效值为 3V 不变，将交流毫伏表从 $\dot{U}_\text{i}$ 端取下，接在 $\dot{U}_\text{o}$ 两端，测量 $\dot{U}_\text{o}$ 两端的有效值，记录数据，并在对数坐标上画出幅频特性曲线。

表 3.29 一阶低通滤波电路幅频特性测量数据

f/kHz	0.2	0.8	1	$f_0=$	2	5	10	20
U_i/V				3V				
U_o/V								
$\lg f$								
U_i/U_o								

2. 测量文氏电桥电路的幅频特性

① 按图 3.55 连接电路，取 $R=1\text{k}\Omega$、$C=0.1\mu\text{F}$。

② 调节信号源输出电压为 3V 的正弦信号，接入图 3.55 的输入端。

③ 保持 $U_\text{i}=3\text{V}$ 不变，改变信号源的频率 f，测量输出电压 U_o（可先测量 $|H(\text{j}\omega)|$ 时的频率 f_0，然后再在 f_0 左右设置其他频率点测量），将结果记入表 3.30 中。

④ 取 $R=200\Omega$、$C=2.2\mu\text{F}$，重复上述测量，将结果记入表 3.30 中。

表 3.30 文氏电桥电路的幅频特性测量数据

$R=1\text{k}\Omega$, $C=0.1\mu\text{F}$	f/Hz	
	U_o/V	
$R=200\Omega$, $C=2.2\mu\text{F}$	f/Hz	
	U_o/V	

四、预习要求

1. 计算 RC 选频网络的网络函数 $H(j\omega)$。
2. 计算固有频率 f_0（或角频率 ω_0）及 $|H(j\omega_0)|$、$\varphi(\omega_0)$ 的值。
3. 利用 Multisim 软件对实验内容 1 和内容 2 进行仿真分析。

五、思考题

1. 在测量电路幅频特性时，信号源的输出电压会随着频率的改变而改变，为什么？实验中应如何避免？
2. 设计一个 3dB、截止频率为 1.59kHz 的高通滤波电路，画出电路图，确定元件参数，并画出幅频特性和相频特性曲线图。

六、实验报告要求

1. 根据实验数据，在对数坐标纸上绘出 RC 串并联网络幅频特性曲线及一阶 RC 低通滤波电路的幅频特性曲线。
2. 根据理论值分析测量误差及原因。

实验十二　RLC 串联谐振电路的研究

一、实验目的

1. 了解谐振电路特性的观测方法。
2. 掌握谐振电路特性参数的测试方法。
3. 掌握电路网络频率特性的测试方法。

二、实验原理

对于含有电容和电感的电路，当端口电压和电流同相时，电路就发生了谐振。根据谐振时电容和电感的连接方式，谐振有串联谐振和并联谐振两种。

如图 3.58 所示的 RLC 串联电路，电路的总阻抗为

$$Z = R + j\left(\omega L - \frac{1}{\omega C}\right)$$

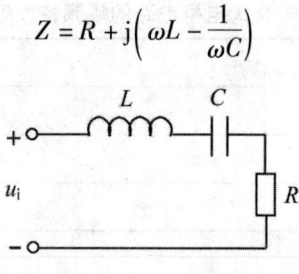

图 3.58 RLC 串联电路

在交流激励的作用下，当信号源的频率发生改变时，电路的阻抗也将随之变化。当激励频率与电路参数之间满足如下条件时，电路达到谐振：

$$\omega_0 = \frac{1}{\sqrt{LC}}, \quad f_0 = \frac{1}{2\pi\sqrt{LC}}$$

ω_0 和 f_0 分别称为谐振角频率和谐振频率。此时电路中容抗和感抗相等，电容电压与电感电压大小相等而方向相反，电路相当于纯电阻电路：

$$U_L = U_C = \frac{X_L}{R}U = \frac{X_C}{R}U = QU$$

$$U_R = U$$

其中 Q 称为谐振电路的品质因数。当 Q 的值远大于 1 时，电容或电感两端电压将远大于电源电压。

对 RLC 串联电路而言，谐振时电路中的电流达到最大。电路中电流随激励频率变化的曲线如图 3.59 所示。

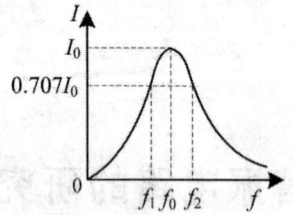 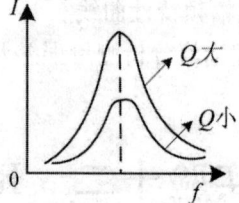

（a）RLC 串联电路电流随频率变化曲线　　（b）电流曲线与 Q 值的关系

图 3.59 RLC 串联电路的谐振特性

从图上可以看出，当激励频率不等于谐振频率时，电流将减小，偏离谐振频率越远，电流下降越快。电流下降到最大值的 0.707 倍时所对应的频率称为电路的截止频率，$\Delta f = f_2 - f_1$ 称为电路的通频带。通频带越窄，则电路的选择性越好。通频带的大小与品质因数成反比：

$$\Delta f = \frac{f_0}{Q}$$

当激励幅度一定时，RLC 串联电路的通频带、品质因数和选择性只与电路的结构和参数有关，而与激励无关。

在测量谐振电路的特性参数时，可以首先用交流毫伏表测出电路在不同频率时的电

压 U、U_R、U_L、U_C 以及电路中的电流 I，然后绘出电路的幅频特性曲线，再根据 $\Delta f = f_2 - f_1$ 求出通频带。品质因数 Q 则可以根据 $Q = \dfrac{U_L}{U} = \dfrac{U_C}{U}$ 或 $Q = \dfrac{f_0}{f_2 - f_1}$ 计算得出。

三、实验内容

1. 观察 RLC 电路中电压和电流信号的波形

实验电路如图 3.60 所示。激励信号为信号源产生的峰峰值为 3V、频率为 1kHz 的正弦信号。利用示波器同时观察激励信号和电阻两端电压的波形，并将观察到的波形定性画在图 3.61 中，至少应画出一个完整周期。

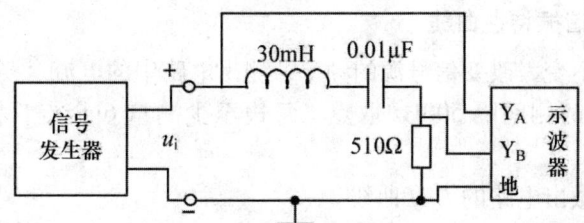

图 3.60　RLC 串联电路观测接线图

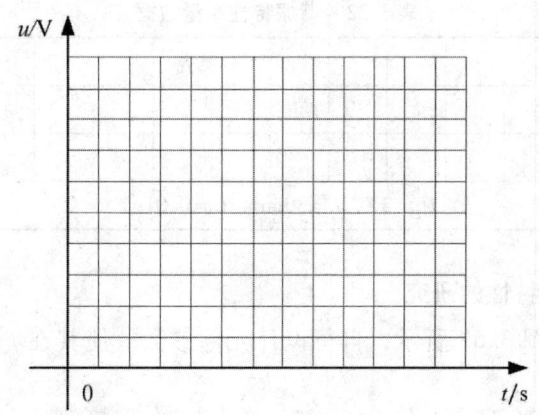

图 3.61　RLC 串联电路电压、电流波形图

注意：由于示波器测量的是电路中电压信号的波形，因此这里是通过观察电阻两端的电压波形间接实现对电流波形的观察。为了保证正确观察到电路现象，一定要使信号源和示波器保持共地。

2. 测量谐振电路的特征参数

在保持激励信号峰峰值为 3V 不变的条件下，缓慢改变信号源输出信号的频率，同时通过示波器观察电压和电流的波形，当两者相位差为零时表示电路达到谐振。记录下电路的谐振频率，并测出各元件上的电压。将电阻换为 $R = 1\text{k}\Omega$，重复上述过程，并将测得的结果记录在表 3.31 中。

注意：为了能快速找到谐振点，可以先根据电路参数计算出谐振频率的理论值，然后在理论值附近调节信号源的输出频率,直到电路达到谐振。

表 3.31 RLC 串联电路谐振点测试数据

	f_0/Hz		U_R/V		U_L/V		U_C/V		Q	
	估算	测量	估算	测量	估算	测量	估算	测量	估算	测量
$R=510\Omega$										
$R=1\text{k}\Omega$										

$U_i = 3\text{V}$,$L = 30\text{mH}$,$C = 0.01\mu\text{F}$

3. 测量电路的谐振特性曲线

实验电路保持不变,改变信号源的频率,测出电路中的电流。要求:

① 在谐振频率两侧间隔 500Hz 取点,每边至少测量 6 个点。将测量结果记录在表 3.32 中。

② 在坐标纸上做出电路的 $I \sim f$ 曲线。

注意:实验过程中信号源输出信号的峰峰值应始终保持 3V 不变。

表 3.32 谐振特性测量数据

	f/Hz					f_0					
I/mA	$R=510\Omega$										
	$R=1\text{k}\Omega$										

$U_i = 3\text{V}$,$L = 30\text{mH}$,$C = 0.01\mu\text{F}$

*4. 复杂电路谐振特性的研究

文氏电桥电路如图 3.62 所示,自行设计元件参数,使其在 $f = 2\text{kHz}$ 时达到谐振。要求:

① 推导电路谐振条件。

② 画出电路图,标明选用元件的参数。

③ 自行设计实验步骤,测试出文氏电桥电路的幅频特性曲线。

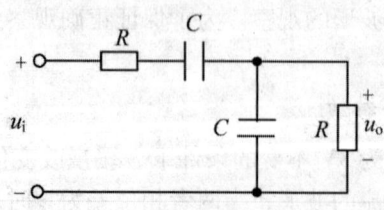

图 3.62 文氏电桥电路

四、预习要求

1. 了解 RLC 串联电路的频率特性，理解谐振的概念，知道谐振频率、通频带、品质因数等参数的意义。
2. 估算出实验电路的谐振频率、谐振时各元件的电压以及电路的品质因数。
3. 利用 Multisim 扫频分析法，对实验内容 2、3 进行仿真。
4. 掌握示波器和信号源的使用方法。

五、思考题

1. 怎样调节电路使其达到谐振？如何判断电路是否达到谐振？
2. 电路谐振频率的理论计算值、仿真结果与实际测量值是否一致？为什么？
3. 电路发生谐振时，信号源输出电压 U 与电阻两端电压 U_R 是否相等？U_L 与 U_C 是否相等？为什么？
4. 怎样测量电路的品质因数？如何提高电路的品质因数？

六、实验报告要求

1. 实验步骤清晰，电路应标明参数，数据记录完整。
2. 电路的谐振特性曲线应画在坐标纸上，作图准确，并从图上求出电路的品质因数 Q。
3. 将仿真结果与实测结果进行对比，找出异同，并分析可能的原因。
4. 对实验情况进行简单总结，并回答实验思考题。

实验十三　三相电路的研究

一、实验目的

1. 掌握判别三相电源相序的方法。
2. 理解三相负载的星形接法特性与中线的关系。
3. 理解三相负载的三角形接法的电路特性。

二、实验原理

1. 相序测定原理

图 3.63 为相序指示器电路，用以测定三相电源的相序 A、B、C（或 U、V、W）。它是由一个电容器和两个电灯连接成的星形不对称三相负载电路。如果电容器所接的是 A 相，则灯光较亮的是 B 相，较暗的是 C 相。相序是相对的，任何一相均可作为 A 相。但 A 相确定后，B 相和 C 相也就确定了。

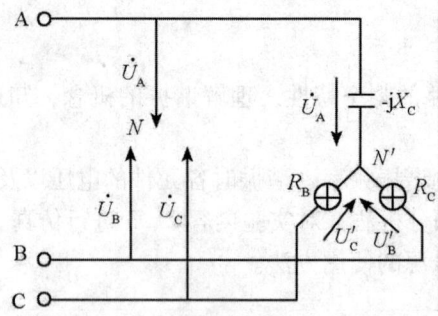

图 3.63 相序指示器电路

为了分析问题简单,设 $X_C = R_B = R_C = R$, $\dot{U}_A = U_P \angle 0°$,则

$$\dot{U}_{N'N} = \frac{\dot{U}_P \left(\frac{1}{-jR}\right) + \dot{U}_P \left(-\frac{1}{2} - j\frac{\sqrt{3}}{2}\right)\left(\frac{1}{R}\right) + \dot{U}_P \left(-\frac{1}{2} + j\frac{\sqrt{3}}{2}\right)\left(\frac{1}{R}\right)}{-\frac{1}{jR} + \frac{1}{R} + \frac{1}{R}}$$

$\dot{U}'_B = \dot{U}_B - \dot{U}_{N'N} = \dot{U}_P \left(-\frac{1}{2} - j\frac{\sqrt{3}}{2}\right) - \dot{U}_P(-0.2 + j0.6) = \dot{U}_P(-0.3 - j1.466) = 1.49 \angle -101.6° \dot{U}_P$

$\dot{U}'_C = \dot{U}_C - \dot{U}_{N'N} = \dot{U}_P \left(-\frac{1}{2} + j\frac{\sqrt{3}}{2}\right) - \dot{U}_P(-0.2 + j0.6) = \dot{U}_P(-0.3 + j0.266) = 0.4 \angle -138.4° \dot{U}_P$

由于 $\dot{U}'_B > \dot{U}'_C$,故 B 相灯光较亮。

2. 三相负载的星形连接

三相负载作星形连接时,如图 3.64 所示。当三相负载对称或不对称的星形连接有中线时,线电压与相电压均对称,且 $U_{线} = \sqrt{3} U_{相}$,而且 $U_{线}$ 超前 $U_{相}$ 30°。

当三相负载不对称又无中线连接时,将出现三相电压不平衡、不对称的现象,从而导致三相不能正常工作,为此必须有中线连接,才能保证三相负载正常工作。

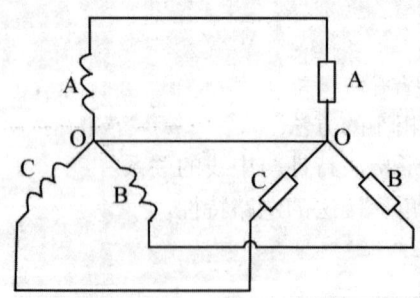

图 3.64 三相负载星形连接

3. 三相负载的三角形连接

三相负载的三角形连接如图 3.65(a)所示。

① 当三相负载对称连接时,如图 3.65(a)所示,其线电流、相电流之间的关系

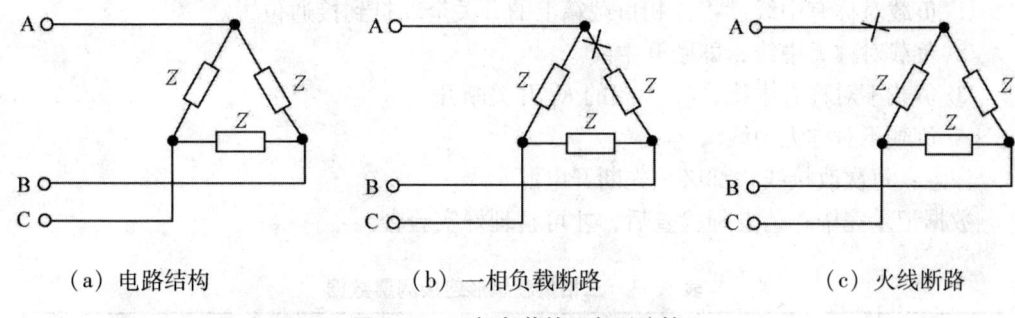

(a)电路结构　　　　　(b)一相负载断路　　　　(c)火线断路

图 3.65　三相负载的三角形连接

为 $I_{线} = \sqrt{3} I_{相}$，且相电流超前线电流 30°。

② 当三相负载作不对称三角形连接时，将导致两相的线电流、一相的相电流发生变化。此时，$I_{线}$ 与 $I_{相}$ 无 $\sqrt{3}$ 倍的关系。

③ 当一相负载断路时，如图 3.65（b）所示。此时只影响故障相不能正常工作，其余两相仍能正常工作。

④ 当一条火线断线时，如图 3.65（c）所示。此时故障两相负载电压小于正常电压，而 BC 相仍能够正常工作。

三、实验内容

1. 测定三相电源的相序

① 用 220V/25W 白炽灯和 1.6μF/500V 电容器，按图 3.63 接线，经三相调压器接入线电压为 220V 的三相交流电源，观察两只灯泡的亮、暗，判断三相交流电源的相序。

② 将电源线任意调换两相后再接入电路，观察两灯的明亮状态，判断三相交流电源的相序。

注意：每次改接线路都必须先断开电源。

2. 测定三相负载做星形连接时的电压和电流，研究中线对电路的影响

按照图 3.66 连接好实验电路，再将实验台的三相电源 A、B、C、N 对应接到负载箱上。用交流电压表和电流表进行下列情况的测量，并将数据记入表 3.33 内。

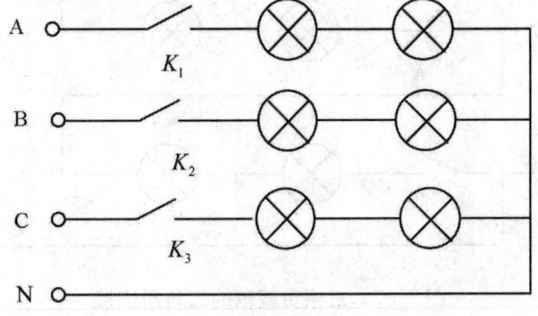

图 3.66　三相负载箱的星形连接

① 负载对称有中线，将三相负载箱上的开关全部打到接通位置。
② 负载对称无中线，即断开中线。
③ 负载不对称有中线，将 A 相的 K_1 开关断开。
④ 负载不对称无中线。

注意：每次改接线路都必须先断开电源。

数据记录完毕，请老师检查后，才可整理好实验台。

表 3.33 三相负载星形连接测量数据

负载接法		对称负载		不对称负载	
		有中线	无中线	有中线	无中线
相电压/V	U_A				
	U_B				
	U_C				
线电压/V	U_{AB}				
	U_{BC}				
	U_{CA}				
相电流/A	I_A				
	I_B				
	I_C				
中线电流/A	I_O				

*3. 研究三相负载在三角形接法时的电压和电流关系，并与星形接法进行比较分析

按图 3.67 连接好实验电路，再将实验平台的三相电源 A、B、C 对应接到负载箱上。用交流电压表和电流表进行下列情况的测量，并将数据记入表 3.34 内。

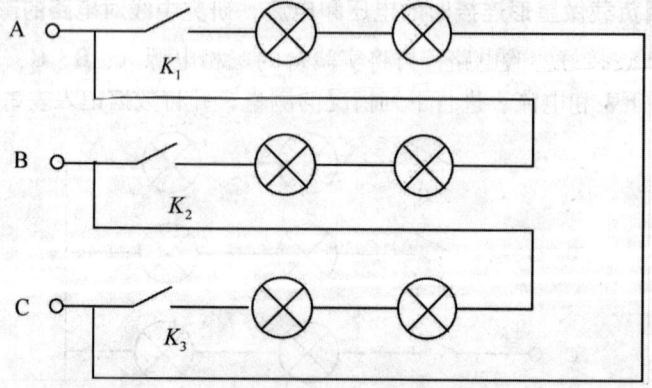

图 3.67 三相负载箱的三角形连接

表 3.34 三相负载三角形连接测量数据

负载接法	线电流/A			相电流/A			线电压/V		
	I_A	I_B	I_C	I_{AB}	I_{BC}	I_{CA}	U_{AB}	U_{BC}	U_{CA}
负载对称									
一相负载断路									
一相火线断路									

① 对称负载的测量,将三相负载箱上的开关全部打到接通位置。
② 一相负载断路,断开 K_1 开关。
③ 一相火线断线,开关全部接通,取掉 A 相火线。
注意:每次改接线路都必须先断开电源。
上述内容完成后,数据经老师检查后才可整理实验台,离开实验室。

四、预习要求

1. 复习三相电路中有关电源、负载为星形连接和三角形连接的特点,预习三相对称负载和不对称负载的理论分析方法。特别要注意中线在对称与不对称负载工作中的影响。
2. 根据给定的实验电路,进行理论值估算。
3. 设计实验过程,了解本实验的安全注意事项和操作规则。

五、思考题

1. 根据电路理论,分析图 3.63 检测相序的原理。
2. 对星形连接中负载不对称又无中线连接时的数据进行分析。
3. 分析在星形连接电路中,中线有何作用?

六、实验报告要求

1. 绘制实验线路的连接图。
2. 对实验数据进行整理和分析,分析在三相负载对称与不对称两种情况下电路中相电压、线电压和线电流、相电流之间的关系,用所测数据说明中线在不对称负载中的作用。
3. 进行实验小结,总结实验中的经验体会。

实验十四　单相铁芯变压器特性的测试

一、实验目的

1. 了解变压器的使用方法。

2. 了解铁芯变压器的特性，掌握变压器参数的测试方法。
3. 掌握变压器外特性曲线和空载特性曲线的测试方法。

二、实验原理

1. 变压器参数测试原理

描述变压器特性的参数很多，如变压器的变比、功率、损耗等。测试变压器参数的电路如图 3.68 所示。由各仪表读得变压器原边（AX，低压侧）的 U_1、I_1、P_1 及副边（ax，高压侧）的 U_2、I_2，并用万用表 $R×1$ 挡测出原、副绕组的电阻 R_1 和 R_2，即可算得变压器的以下各项参数值：

① 电压比：$k_U = U_1/U_2$。
② 电流比：$k_I = I_2/I_1$。
③ 原边阻抗：$Z_1 = U_1/I_1$。
④ 副边阻抗：$Z_2 = U_2/I_2$。
⑤ 阻抗比 = Z_1/Z_2。
⑥ 负载功率：$P_2 = U_2 I_2 \cos \varphi_2$。
⑦ 损耗功率：$P_0 = P_1 - P_2$。
⑧ 功率因数 = $P_1/(U_1 I_1)$。
⑨ 原边线圈铜耗：$P_{Cu1} = I_1^2 R_1$。
⑩ 副边铜耗：$P_{Cu2} = I_2^2 R_2$。
⑪ 铁耗：$P_{Fe} = P_0 - (P_{Cu1} + P_{Cu2})$。

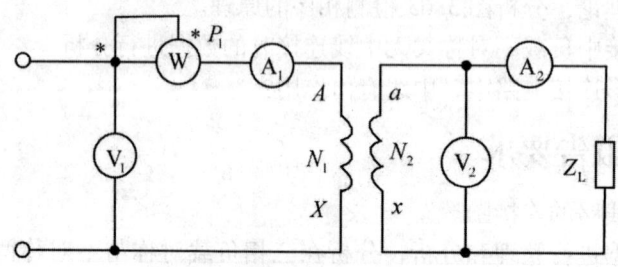

图 3.68 变压器参数测试电路

2. 变压器空载特性

在变压器中，副边空载时，原边电压与电流的关系称为变压器的空载特性。铁芯变压器是一个非线性元件，铁芯中的磁感应强度 B 决定于外加电压的有效值 U_0。当副边开路（即空载）时，原边的励磁电流 I_{10} 与磁场强度 H 成正比。这与铁芯的磁化曲线（$B-H$ 曲线）是一致的，如图 3.69 所示。

空载实验通常是将高压侧开路，由低压侧通电进行测量，又因空载时功率因数很低，故测量功率时应采用低功率因数瓦特表。此外因变压器空载时阻抗很大，故电压表应接在电流表外侧。

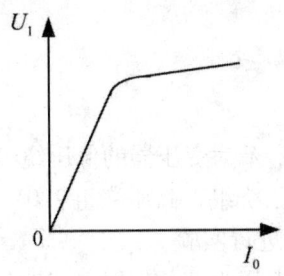

图 3.69 变压器空载特性曲线

3. 变压器外特性测试

变压器的外特性即变压器的负载特性。当变压器原边电压 U_1 保持不变时，改变副边负载，副边电流 I_2 随之发生变化，原、副边绕组上的压降发生改变，进而导致副边电压 U_2 随之发生变化。当 U_1 和负载功率因数 $\cos\varphi_2$ 为常数时，$\dot{U}_2$ 和 I_2 的关系即为负载特性曲线，如图 3.70 所示。从图上可以看出，U_2 随 I_2 的增加而下降，这是由副边线圈的内阻引起的。

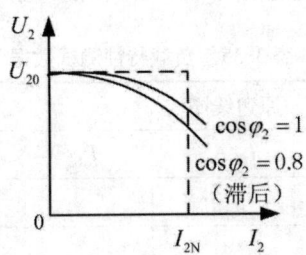

图 3.70 变压器的负载特性曲线

当副边电流 I_2 发生变化时，通常希望副边电压 U_2 变化越小越好。副边负载从空载变化到额定负载时电压的变化称为变压器的电压调整率：

$$\Delta U = \frac{U_{20} - U_{2N}}{U_{20}} \times 100\%$$

其中 U_{20} 和 U_{2N} 分别代表原边电压为额定电压且负载功率因数一定的条件下副边绕组在空载和额定负载时的端电压的有效值。电压调整率是变压器的主要性能指标之一，表征了副边电压的稳定性。

在本实验中，采用灯泡作为负载。为了满足灯泡负载额定电压为 220V 的要求，以变压器 36V 的低压绕组作为原边，220V 的高压绕组作为副边，即当作一台升压变压器使用。

在保持原边电压 $U_1=36V$ 不变时，逐次增加灯泡负载（每只灯为 25W），测定 U_1、U_2、I_1 和 I_2，即可绘出变压器的外特性即负载特性曲线 $U_2=f(I_2)$。

三、实验内容

1. 变压器负载特性测试

① 按图 3.68 线路接线。A、X 为变压器的低压绕组，a、x 为变压器的高压绕组。

② 将电源经调压器接至低压绕组，高压绕组 220V 接 Z_L 即 25W 的灯组负载（灯泡并联），经指导老师检查后才可进行实验。

③ 将调压器手柄置于输出电压为零的位置（逆时针旋到底），合上电源开关，调节调压器，使其输出电压为 36V。

④ 在负载开路及灯泡逐次增加（最多三个）时，按表 3.35 分别记下在点亮不同数量灯泡情况下，原、副边线圈电压、电流的读数及原边线圈功率的读数，绘制变压器外特性曲线。实验完毕将调压器调回零位，断开电源。

注意：当负载为三个灯泡时，变压器已处于超载运行状态，很容易烧坏。因此，测试和记录应尽量快，总共不应超过 2min。实验时，可先将三只灯泡并联安装好，断开控制每个灯泡的相应开关，通电且电压调至规定值后，再逐一打开各个灯的开关，并记录仪表读数。待开三灯的数据记录完毕后，立即用相应的开关断开各灯。

表 3.35 负载特性测试数据

灯泡情况	原边线圈			副边线圈	
	U_1/V	I_1/A	P_1/W	U_2/V	I_2/A
一个灯泡开					
两个灯泡开					
三个灯泡开					

2. 变压器空载特性测试

将高压侧（副边）开路（如图 3.71），确认调压器处在零位后，合上电源，调节调压器输出电压，使 U_1 从 0 逐渐上升到 1.2 倍的额定电压（1.2×36V），分别记下各次测得的 U_1、U_{20} 和 I_{10} 数据，记入表 3.36 中，用 U_1 和 I_{10} 绘制变压器的空载特性曲线。

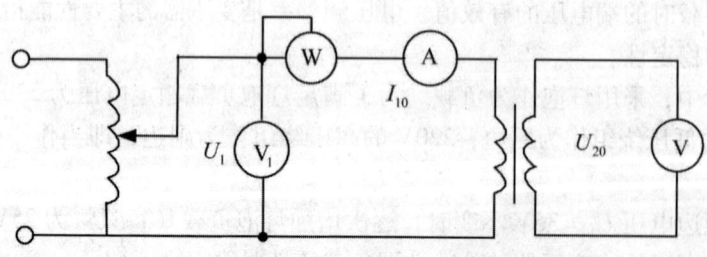

图 3.71 变压器空载特性测试电路图

表 3.36 空载特性测试数据

原边线圈	U_1/V							
	I_{10}/A							
副边线圈	U_{20}/V							

四、预习要求

1. 复习铁芯变压器的原理。
2. 根据给定参数，计算电路电压理论值。

五、思考题

1. 为什么本实验将低压绕组作为原边进行通电实验？在实验过程中应注意什么问题？
2. 为什么变压器的励磁参数一定是在空载实验加额定电压的情况下求出？

六、实验报告要求

1. 根据实验测得的数据，绘出变压器的外特性和空载特性曲线。
2. 根据额定负载时测得的数据，计算变压器的各项参数。
3. 计算变压器的电压调整率。

实验十五　互感电路特性观测

一、实验目的

1. 学会互感元件同名端判别的方法。
2. 掌握互感元件参数的测量方法。
3. 了解影响互感系数大小的因素。
4. 会分析含有互感的电路。

二、实验原理

1. 互感线圈同名端的判定

为了正确判断互感电动势的方向，必须首先判断两个具有互感耦合线圈的同名端，判断互感电路同名端的方法是：

① 直流法

用一直流电源开关瞬间与互感 1 接通，如图 3.72 所示，在线圈 2 回路中接一直流毫安表，在开关 K 闭合的瞬间，线圈 1 回路中的电流 I_1 通过互感耦合将在线圈 2 中产生一互感电势，并在线圈 2 回路中产生一电流 I_2，使所接毫安表发生偏转。根据楞次定律及图示所假定的电流方向，当毫安表正向偏转时，线圈 1 的端点 1 与线圈 2 的端点 2 为同名端；如果毫安表反向偏转，此时线圈 1 的端点 1 与线圈 2 的端点 2′ 为同名端（注意上述判定同名端的方法在开关 K 闭合的瞬间才成立）。

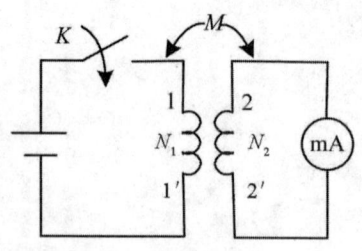

图 3.72　直流法判别互感同名端　　　图 3.73　交流法判别互感同名端

② 交流法

互感电路同名端也可利用交流法来测定，如图 3.73 所示。将线圈 1 的一个端子 1′ 与线圈 2 的一个端子 2′ 用导线连接，在线圈 1 两端加低的交流电压，用电压表分别测 1、1′ 与 1、2 两端的电压，设分别为 $U_{11'}$ 与 U_{12}，如果 $U_{12} > U_{11'}$，则端点 1′ 与端点 2′ 为异名端（也即 1′ 与 2 以及 1 与 2′ 为同名端），因为如果假定正方向为 $U_{11'}$，当 1 与 2′ 为同名端时，线圈 2 中互感电压的正方向为 $U_{2'2}$，所以 $U_{12} = U_{11'} + U_{2'2}$（即 $U_{12} < U_{11'}$），此时 1′ 与 2′ 即为同名端。

2. 互感系数 M 及耦合系数 k 的测定

在互感电路的分析计算时，除了需要考虑线圈电阻、电感等参数的影响，还应分别注意互感电势（或互感电压降）的大小及方向的正确判定。为了测定互感电势的大小，可将两个具有互感耦合的线圈中的一个线圈开路，在另一线圈上加一定电压并用电流表测出这线圈中的电流，记为 I_1，同时用电压表测出开路线圈的端电压，记为 U_2。如果所用的电压表内阻很大，可近似地认为 $I_2 = 0$（即线圈可看作开路），这时电压表的读数就近似地等于开路线圈的互感电动势 E_{2M}，即 $U_2 \approx E_{2M} = \omega M I_1$，由此可推算出互感系数为

$$M \approx U_2 / \omega I_1$$

互感系数 M 也可以通过两个具有互感耦合的线圈加以顺向串联和反向串联而测出。

① 当两线圈顺接时，如图 3.74（a）所示，电压方程式为

$$\dot{U} = \dot{I}(R_1 + j\omega L_1) + j\dot{I}\omega M + \dot{I}(R_2 + j\omega L_2) + j\dot{I}\omega M$$
$$= \dot{I}[(R_1 + R_2) + j\omega(L_1 + L_2 + 2M)]$$
$$= \dot{I}(R_{eq} + j\omega L_{eq})$$

由此可得出顺接时的等效电感

$$L_{eq} = L_1 + L_2 + 2M$$

② 两个线圈反接时，如图 3.74（b）所示，电压方程式为

$$\dot{U} = \dot{I}(R_1 + j\omega L_1) - j\dot{I}\omega M + \dot{I}(R_2 + j\omega L_2) - j\dot{I}\omega M$$
$$= \dot{I}[(R_1 + R_2) + j\omega(L_1 + L_2 - 2M)]$$

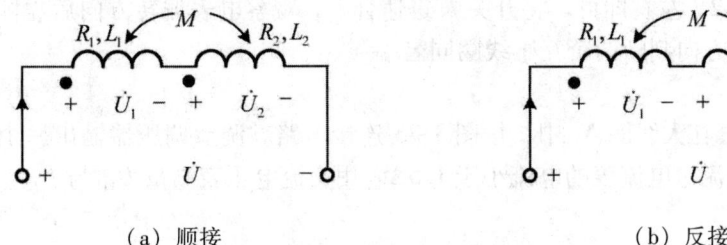

(a) 顺接　　　　　　　　　　　　(b) 反接

图 3.74　互感线圈的串联

$$= \dot{I}(R_{eq} + j\omega L_{eq})$$

因此反接时的等效电感

$$L_{eq} = L_1 + L_2 - 2M$$

如果用万用表测出两线圈的电阻 R_1 和 R_2，再用电压表分别测出顺接时的电压 U、电流 I 以及反接时的电压 U' 和电流分别 I'，则

$$\frac{U}{I} = |Z_{eq}| = \sqrt{R_{eq}^2 + (\omega L_{eq})^2}$$

$$\frac{U'}{I'} = |Z'_{eq}| = \sqrt{R_{eq}^2 + (\omega L'_{eq})^2}$$

由上式可算出

$$X_{eq} = \omega L_{eq} = \sqrt{|Z_{eq}|^2 - (R_1 + R_2)^2}$$

$$X'_{eq} = \omega L'_{eq} = \sqrt{|Z'_{eq}|^2 - (R_1 + R_2)^2}$$

计算得

$$M = \frac{X_{eq} - X'_{eq}}{4\omega}$$

利用上述方法也可判定两个互感耦合线圈的极性。当两线圈用正反两种方法串联后，加以同样电压，电流数值大的一种接法是反向串联，小的一种接法是顺向串联，由此可定出同名端。

两个互感线圈耦合松紧程度常用耦合系数 k 来表示：

$$k = \frac{M}{\sqrt{L_1 L_2}}$$

如在线圈 1 上加电压 U_1，测出电流 I_1（此时线圈 2 应开路），然后在线圈 2 上加电压 U_2，测出电流 I_2（此时线圈 1 应开路），可求出两个线圈的自感 L_1 和 L_2，已知 L_1、L_2 和 M 即可求出耦合系数 k。

三、实验内容

1. 判断互感的同名端

分别采用直流法和交流法测量实验室给定耦合电感的同名端。

（1）直流法

按图 3.72 接线，将耦合电感的两个线圈 N_1 和 N_2 的四个端子分别标号。直流稳压电源输出电压调至2V左右即可。将开关 K 迅速合上,观察电表偏转方向后立即打开开关,根据电表偏转方向判断两个互感线圈同名端。

(2) 交流法

将小线圈 N_2 套在大线圈 N_1 中,按图 3.75 连接电路。调节调压器输出一个很低的电压(约2V),使流过电流表的电流小于1.5A。用交流电压表测量 $U_{11'}$ 与 U_{12},判断两个互感线圈同名端。

注意:接通电源前应首先将调压器调至零位。

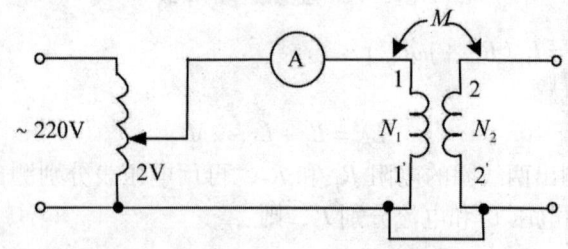

图 3.75 交流法测试互感同名端

2. 测量互感系数和耦合系数

电路如图 3.75 所示保持不变。

① 在 N_1 侧加低压交流电压 U_1(约2V),测出 I_1 及 U_2,计算出 M。

② 在 N_1 侧加低压交流电压 U_1,测出 N_2 侧开路时电流 I_1;在 N_2 侧加电压 U_2,测出在 N_1 侧开路时电流 I_2,求出各自的自感 L_1 和 L_2,计算 k 值。自拟表格,将测量数据填入表格。

注意:实验过程中流过 N_1 的电流应不超过1.5A,流过 N_2 的电流应不超过1A。

3. 观察互感现象

在图 3.76 所示电路的 N_2 侧接入 LED 发光二极管与510Ω电阻串联的支路。

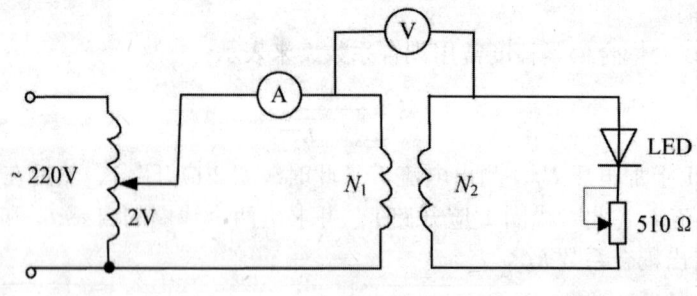

图 3.76 观察互感现象

① 将铁芯慢慢从两线圈中抽出和插入,观察 LED 亮度的变化及各电表读数的变化并记录现象。

② 改变两线圈的相对位置,观察 LED 亮度变化及仪表读数。

③ 用铝棒替代铁棒,重复①②步骤,观察 LED 亮度变化,记录现象。

*4. 设计实验方案，用两互感线圈顺向串联及反向串联的测试方法，测出线圈间的互感系数

① 简要列出实验步骤，画出电路连接示意图。
② 根据实验步骤，设计数据记录表格，填入测量数据并计算。

四、预习要求

1. 熟悉自感、互感现象及互感电路，学习判断互感线圈同名端的方法。
2. 利用 Multisim 设计仿真电路：① 分别用直流电压法、交流电压法判断互感线圈同名端；② 测量互感线圈的互感系数及耦合系数。

五、思考题

1. 什么是自感？什么是互感？在实验室如何设计实验观测到自感、互感现象？
2. 除了直流电压法、交流电压法外，还有什么方法可以判断互感线圈同名端？
3. 互感大小与哪些因素有关？各个因素如何影响互感大小？

六、实验报告要求

1. 实验步骤清晰，将测量数据填入相应表格并计算。
2. 对互感线圈同名端的判定方法、互感系数的测试方法进行总结。

实验十六　二端口网络测试

一、实验目的

1. 加深对二端口网络的理解。
2. 掌握直流二端口网络参数的测量方法。

二、实验原理

对于任何一个线性网络，所关心的往往只是输入端口和输出端口的电压和电流之间的相互关系，并通过实验测定方法求取一个极其简单的等效二端口电路来替代原网络，此即为"黑盒理论"的基本内容。

1. 双端口同时测量法

一个二端口网络两端口的电压和电流四个变量之间的关系，可以用多种形式的参数方程来表示。本实验采用输出口的电压 U_2 和电流 I_2 作为自变量，以输入口的电压 U_1 和电流 I_1 作为因变量，所得的方程称为二端口网络的传输方程。如图 3.77 所示的线性无源二端口网络（又称为双口网络）的传输方程为

$$U_1 = AU_2 + BI_2$$
$$I_1 = CU_2 + DI_2$$

式中的 A、B、C、D 为二端口网络的传输参数，其值完全决定于网络的拓扑结构及各支路元件的参数值。这四个参数表征了该二端口网络的基本特性，它们的含义是：

$$A = \frac{U_{1o}}{U_{2o}} \quad (令 I_2 = 0，即输出端口开路时)$$

$$B = \frac{U_{1s}}{I_{2s}} \quad (令 U_2 = 0，即输出端口短路时)$$

$$C = \frac{I_{1o}}{U_{2o}} \quad (令 I_2 = 0，即输出端口开路时)$$

$$D = \frac{I_{1s}}{I_{2s}} \quad (令 U_2 = 0，即输出端口短路时)$$

由上可知，只要在网络的输入端口加上电压，在两个端口同时测量其电压和电流，即可求出 A、B、C、D 四个参数，此即为双端口同时测量法。

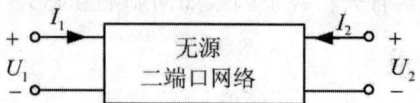

图 3.77 线性无源二端口网络

2. 分别测量法

若要测量一条远距离输电线构成的二端口网络，采用同时测量法就很不方便。这时可采用分别测量法，即先在输入端口加电压，而将输出端口开路或短路，在输入端口测量电压和电流，由传输方程可得

$$R_{1o} = \frac{U_{1o}}{I_{1o}} = \frac{A}{C} \quad (令 I_2 = 0，即输出端口开路时)$$

$$R_{1s} = \frac{U_{1s}}{I_{1s}} = \frac{B}{D} \quad (令 U_2 = 0，即输出端口短路时)$$

然后在输出端口加电压，而将输入端口开路或短路，测量输出端口的电压和电流。此时可得

$$R_{2o} = \frac{U_{2o}}{I_{2o}} = \frac{D}{C} \quad (令 I_1 = 0，即输入端口开路时)$$

$$R_{2s} = \frac{U_{2s}}{I_{2s}} = \frac{B}{A} \quad (令 U_1 = 0，即输入端口短路时)$$

R_{1o}，R_{1s}，R_{2o}，R_{2s} 分别表示一个端口开路和短路时另一端口的等效输入电阻，这四个参数中只有三个是独立的，有如下关系式：

$$\frac{R_{1o}}{R_{2o}} = \frac{R_{1s}}{R_{2s}} = \frac{A}{D}$$

即 $AD - BC = 1$。至此，可求出四个传输参数：

$$A = \sqrt{R_{1o}/(R_{2o} - R_{2s})}, \quad B = AR_{2s}, \quad C = A/R_{1o}, \quad D = CR_{2o}$$

3. 二端口网络的级联

二端口网络级联后的等效二端口网络的传输参数也可采用前述的方法之一求得。从理论推得两个二端口网络级联后的传输参数与每一个参加级联的二端口网络的传输参数之间有如下的关系：

$$A = A_1A_2 + B_1C_2 \qquad B = A_1B_2 + B_1D_2$$
$$C = C_1A_2 + D_1C_2 \qquad D = C_1B_2 + D_1D_2$$

三、实验内容

二端口网络实验电路如图3.78所示。将直流稳压电源的输出电压调到10V，作为二端口网络的输入。

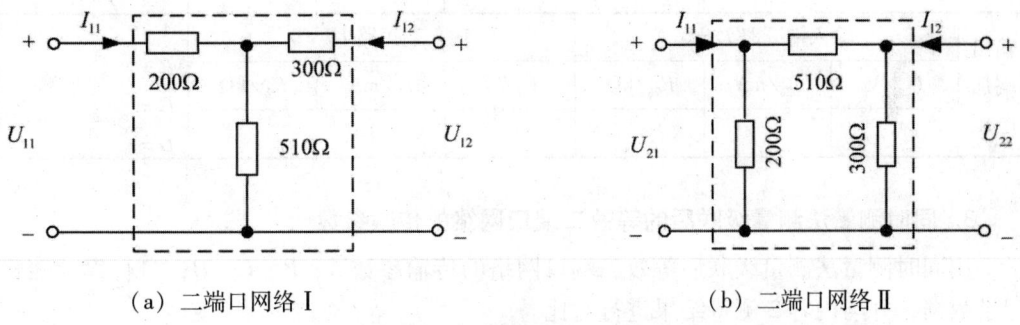

(a) 二端口网络 I (b) 二端口网络 II

图3.78 二端口网络实验电路

1. 同时测量法测量传输参数

用同时测量法分别测定二端口网络 I、II 的传输参数 A_1、B_1、C_1、D_1 和 A_2、B_2、C_2、D_2，将结果填入表3.37和表3.38中，并列出它们的传输方程。

表3.37 二端口网络 I 测量数据

	测 量 值			计 算 值
输出端开路 $I_{12}=0$	U_{11o}/V	U_{12o}/V	I_{11o}/mA	$A_1 =$
				$B_1 =$
输出端短路 $U_{12}=0$	U_{11s}/V	I_{11s}/mA	I_{12s}/mA	$C_1 =$
				$D_1 =$

表3.38 二端口网络 II 测量数据

	测 量 值			计 算 值
输出端开路 $I_{22}=0$	U_{21o}/V	U_{22o}/V	I_{21o}/mA	$A_2 =$
				$B_2 =$
输出端短路 $U_{22}=0$	U_{21s}/V	I_{21s}/mA	I_{22s}/mA	$C_2 =$
				$D_2 =$

2. 分别测量法测量级联后的等效二端口网络的传输参数

将两个二端口网络级联，即将网络Ⅰ的输出接至网络Ⅱ的输入。用两端口分别测量法测量级联后等效二端口网络的传输参数 A、B、C、D，将结果填入表 3.39 中，并验证等效二端口网络传输参数与级联的两个二端口网络传输参数之间的关系（总输入端或总输出端所加的电压仍为 10V）。

表 3.39　两个二端口网络级联后的测量数据

输入端加电压	输出端开路 $I_2=0$			输出端短路 $U_2=0$			计算传输参数
	U_{1o}/V	I_{1o}/mA	$R_{1o}/k\Omega$	U_{1s}/V	I_{1s}/mA	$R_{1s}/k\Omega$	$A=$
输出端加电压	输入端开路 $I_1=0$			输入端短路 $U_1=0$			$B=$ $C=$
	U_{2o}/V	I_{2o}/mA	$R_{2o}/k\Omega$	U_{2s}/V	I_{2s}/mA	$R_{2s}/k\Omega$	$D=$

*3. 同时测量法测量级联后的等效二端口网络的传输参数

用同时测量法测量级联后等效二端口网络的传输参数 A、B、C、D，自行设计表格记录数据，并与内容 2 测量结果进行对比。

四、预习要求

1. 熟悉二端口网络参数的两种测量方法。
2. 利用 Multisim 建立仿真电路，对实验内容 1、2、3 进行仿真，记录仿真实验数据并计算。

五、思考题

1. 试述同时测量法与分别测量法的优缺点及适用情况。
2. 本实验方法是否适用于交流二端口网络的测定？

六、实验报告要求

1. 实验步骤清晰，测量数据填入相应表格。
2. 验证等效二端口网络传输参数与级联的两个二端口网络传输参数之间的关系。
3. 将仿真结果与实测结果进行对比，找出异同，并分析可能的原因。
4. 对实验情况进行简单总结，并回答思考题。

实验十七 回转器

一、实验目的

1. 掌握回转器的回转特性。
2. 掌握回转参数的测量方法。
3. 会用回转器设计谐振电路。

二、实验原理

1. 回转器是一种有源非互易的新型二端口网络元件,电路符号及其等效电路如图 3.79(a)、(b) 所示。

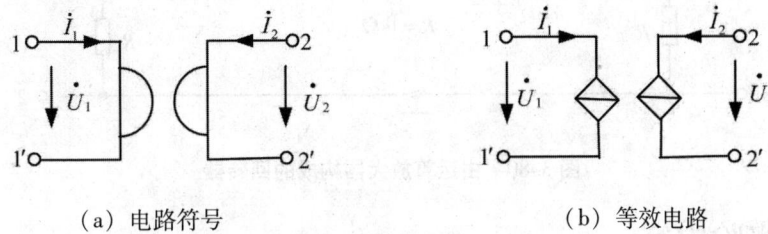

(a) 电路符号   (b) 等效电路

图 3.79 回转器的电路符号和等效电路

理想回转器的导纳方程如下:

$$\begin{vmatrix} i_1 \\ i_2 \end{vmatrix} = \begin{vmatrix} 0 & g \\ -g & 0 \end{vmatrix} \begin{vmatrix} u_1 \\ u_2 \end{vmatrix}$$

或写成

$$i_1 = gu_2, \quad i_2 = -gu_1$$

也可写成电阻方程:

$$\begin{vmatrix} u_1 \\ u_2 \end{vmatrix} = \begin{vmatrix} 0 & -R \\ R & 0 \end{vmatrix} \begin{vmatrix} i_1 \\ i_2 \end{vmatrix}$$

或写成

$$u_1 = -Ri_2, \quad u_2 = Ri_1$$

式中 g 和 R 分别称为回转电导和回转电阻,统称为回转常数,且 $R = 1/g$。

2. 回转器能把一个电容元件"回转"成一个电感元件,相反也可以把一个电感元件"回转"成一个电容元件,所以也称为阻抗逆变器。若在 $2-2'$ 端接一负载电容 C,则从 $1-1'$ 端看进去就相当于一个电感。

$2-2'$ 端接电容 C 后,从 $1-1'$ 端看进去的导纳为

$$Y_i = \frac{i_1}{u_1} = \frac{gu_2}{-i_2/g} = \frac{-g^2 u_2}{i_2}$$

因为

$$\frac{u_2}{i_2} = -Z_L = \frac{1}{j\omega C}$$

所以

$$Y_i = \frac{g^2}{j\omega C} = \frac{1}{j\omega L}$$

式中 $L = \dfrac{C}{g^2}$ 为等效电感。

3. 由于回转器有阻抗逆变作用,在集成电路中得到重要的应用。因为在集成电路制造中,制造电容元件比制造电感元件容易得多,可以用一带有电容负载的回转器来获得数值较大的电感。

图3.80为用运算放大器组成的回转器电路图。

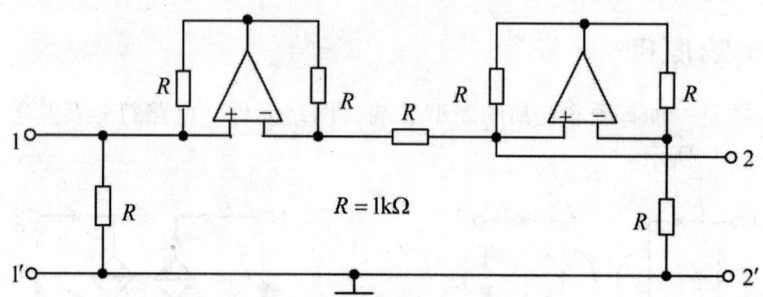

图3.80 由运算放大器构成的回转器

三、实验内容

1. 测量回转器在纯阻性负载时的电路参数

按照图3.81所示连接电路,2-2′端接纯电阻负载,信号源频率固定在1kHz,信号电压≤3V。用交流毫伏表测量不同负载电阻 R_L 时的 U_1、U_2 和 U_{RS},并计算相应的电流 I_1、I_2 和回转常数 g,记入表3.40中。

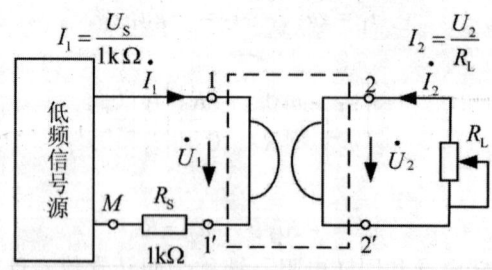

图3.81 实验线路(负载为电阻元件)

表 3.40 回转器的测量数据

$R_L/\text{k}\Omega$	测量值			计算值				
	U_1/V	U_2/V	U_{RS}/V	I_1/mA	I_2/mA	$g' = \dfrac{I_1}{U_2}$	$g'' = \dfrac{I_2}{U_1}$	$g = \dfrac{g'+g''}{2}$
0.5								
1								
1.5								
2								
3								
4								
5								

2. 观察回转器在容性负载时输入电压与电流之间的相位关系

按照图 3.82 接线。信号源的高端接 1 端，低（"地"）端接 M，示波器的"地"端接 M，Y_A、Y_B 分别接 1（电压波形）、1'（电流波形）端。

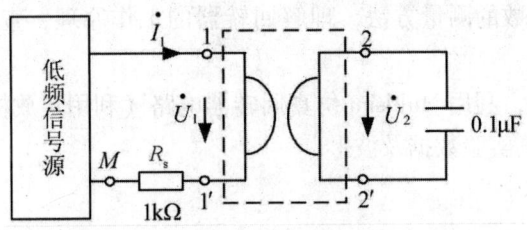

图 3.82 实验线路（负载为电容元件）

在 2 – 2'端接电容负载 $C = 0.1\mu\text{F}$，信号源输出电压 $U \leq 3\text{V}$，频率 $f = 1\text{kHz}$。用双踪示波器观察输入电压 u_1 与输入电流 i_1 之间的相位关系是否具有感抗特征。

3. 测量回转器在容性负载时的等效电感

线路连接同图 3.82（不接示波器）。取低频信号源输出电压 $U \leq 3\text{V}$，并保持恒定。用交流毫伏表测量不同频率时的 U_1、U_2、U_R 值，并计算出 $I_1 = U_R/R_s$，$g = I_1/U_2$，$L' = U_1/(2\pi f I_1)$，$L = C/g^2$ 及误差 $\Delta L = L' - L$，记入表 3.41 中，分析 U、U_1、U_R 之间的相量关系。

*4. 用回转器设计一个并联谐振电路并观测其特性

用回转器作电感，设计一个并联谐振电路，并观察其频率特性。

① 画出电路连接示意图，标明元件参数，自拟数据记录表格。
② 根据测量数据画出幅频特性曲线，标出谐振频率，与理论计算值比较。

表 3.41 不同频率下等效电感各参数的测量数据

频率/Hz	200	400	500	800	1000	1200	1500	2000
U_1/V								
U_2/V								
U_R/V								
I_1/mA								
g/Ω^{-1}								
L'/H								
L/H								
$\Delta L = L' - L$								

四、预习要求

1. 熟悉回转器参数的测量方法，理解回转器的工作原理，查阅资料了解回转器的相关应用。

2. 查阅相关资料，利用 Multisim 仿真回转器电路（利用运放构成），对实验内容 1、2 进行仿真，记录仿真实验数据及波形。

五、思考题

1. 信号源输入电压幅值设置为什么不能过大？
2. 通过理论计算和实验数据证明回转器的无源性。

六、实验报告要求

1. 按照实验步骤操作，记录测量数据并计算有关参数。
2. 实验内容 2 中，绘制示波器观察到的输入电压与输入电流的波形示意图，并写出其相位关系特征。
3. 从实验结果中总结回转器的性质、特点，并回答思考题。

实验十八　负阻抗变换器

一、实验目的

1. 理解负阻抗的概念，了解负阻抗变换器的结构与原理。

2. 掌握负阻抗伏安特性的测试方法。
3. 学习利用负阻抗进行简单电路设计。

二、实验原理

1. 负阻抗是电路理论中的一个重要基本概念，在工程实践中有广泛的应用。有些非线性元件（如隧道二极管）在某个电压或电流范围内具有负阻特性。除此之外，一般都由一个有源二端口网络来形成一个等效的线性负阻抗。该网络由线性集成电路或晶体管等元件组成，这样的网络称作负阻抗变换器。

按有源网络输入电压、电流与输出电压、电流的关系，负阻抗变换器可分为电流倒置型和电压倒置形两种（INIC 及 VNIC），其示意图如图 3.83 所示。

在理想情况下，负阻抗变换器的电压、电流关系为

INIC 型：$\dot{U}_2 = \dot{U}_1$，$\dot{I}_2 = K\dot{I}_1$（K 为电流增益）

VNIC 型：$\dot{U}_2 = -K_1\dot{U}_1$，$\dot{I}_2 = -\dot{I}_1$（$K_1$ 为电压增益）

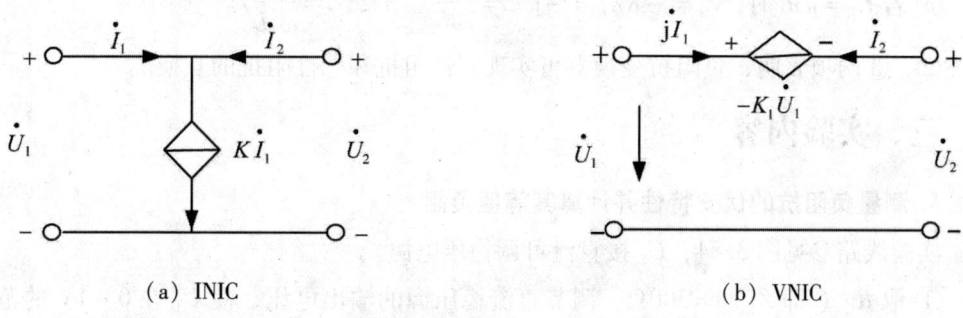

（a）INIC　　　　　　　　　　　（b）VNIC

图 3.83　负阻抗变换器

2. 本实验用线性运算放大器组成如图 3.84 所示的 INIC 电路，在一定的电压、电流范围内可获得良好的线性度。

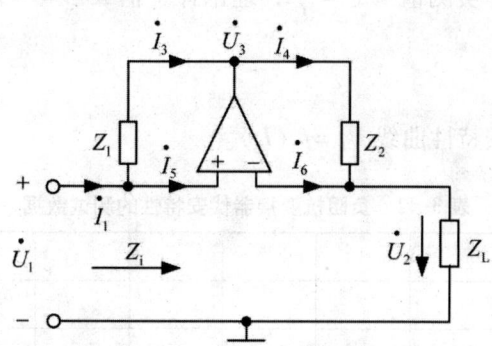

图 3.84　用运算放大器组成的 INIC 电路

根据运放理论可知

$$\dot{U}_1 = \dot{U}_+ = \dot{U}_- = \dot{U}_2$$

又

$$\dot{I}_5 = \dot{I}_6 = 0,\ \dot{I}_1 = \dot{I}_3,\ \dot{I}_2 = -\dot{I}_4$$

$$Z_\mathrm{i} = \frac{\dot{U}_1}{\dot{I}_1}, \quad \dot{I}_3 = \frac{\dot{U}_1 - \dot{U}_3}{Z_1}, \quad \dot{I}_4 = \frac{\dot{U}_3 - \dot{U}_2}{Z_2} = \frac{\dot{U}_3 - \dot{U}_1}{Z_2}$$

所以 $\qquad \dot{I}_4 Z_2 = -\dot{I}_3 Z_1, \quad -\dot{I}_2 Z_2 = -\dot{I}_1 Z_1, \quad \dfrac{\dot{U}_2}{Z_\mathrm{L}} Z_2 = -\dot{I}_1 Z_1$

$$\frac{\dot{U}_2}{\dot{I}_1} = \frac{\dot{U}_1}{\dot{I}_1} = Z_\mathrm{i} = -\frac{Z_1}{Z_2} \cdot Z_\mathrm{L} = -K Z_\mathrm{L} \quad (令\ K = \frac{Z_1}{Z_2})$$

当 $Z_1 = R_1 = R_2 = Z_2 = 1\mathrm{k}\Omega$ 时,

$$K = \frac{Z_1}{Z_2} = \frac{R_1}{R_2} = 1$$

① 若 $Z_\mathrm{L} = R_\mathrm{L}$ 时,$Z_\mathrm{i} = -K Z_\mathrm{L} = -R_\mathrm{L}$。

② 若 $Z_\mathrm{L} = \dfrac{1}{\mathrm{j}\omega C}$ 时,$Z_\mathrm{i} = -K Z_\mathrm{L} = -\dfrac{1}{\mathrm{j}\omega C} = \mathrm{j}\omega L \quad (令\ L = \dfrac{1}{\omega^2 C})$。

③ 若 $Z_\mathrm{L} = \mathrm{j}\omega L$ 时,$Z_\mathrm{i} = -K Z_\mathrm{L} = -\mathrm{j}\omega L = \dfrac{1}{\mathrm{j}\omega C} \quad (令\ C = \dfrac{1}{\omega^2 L})$。

②、③两项表明,负阻抗变换器可实现容性阻抗和感性阻抗的互换。

三、实验内容

1. 测量负阻抗的伏安特性并计算其等值负阻

实验线路参见图 3.84,U_1 接直流可调稳压电源。

① 取 R_L(即 Z_L)$= 300\Omega$。调节直流稳压源的输出电压,使 U_1 在 0～1V 的范围内取不同的值,分别测量 INIC 的输入电压 U_1 及输入电流 I_1,数据填入表 3.42 中。

② 取 $R_\mathrm{L} = 600\Omega$,重复上述的测量(使 U_1 在 0～2V 的范围内取不同的值)。

③ 计算等效负阻:实测值 $R'_- = \dfrac{U_1}{I_1}$,理论计算值 $R'_- = -K Z_\mathrm{L} = -R_\mathrm{L}$,电流增益 $K = \dfrac{R_1}{R_2} = 1$。

④ 绘制负阻的伏安特性曲线 $U_1 = f(I_1)$。

表 3.42　负阻抗变换器伏安特性的测试数据

$R_\mathrm{L} = 300\Omega$	U_1/V							
	I_1/mA							
	$R_-/\mathrm{k}\Omega$							
$R_\mathrm{L} = 600\Omega$	U_1/V							
	I_1/mA							
	$R_-/\mathrm{k}\Omega$							

2. 阻抗变换与相位观察

按图 3.85 所示连接实验线路。接线时，$R_s = 200\Omega$ 电阻一端接 INIC 线路左下侧的其中一个插孔，另一个接地。信号源的高端接 a，低（"地"）端接 b，双踪示波器的"地"端接 b，Y_A、Y_B 分别接 a、c。图中的 R_s 为电流取样电阻。因为电阻两端的电压波形与流过电阻的电流波形同相，所以用示波器观察 R_s 上的电压波形就反映了电流 I_1 的相位。

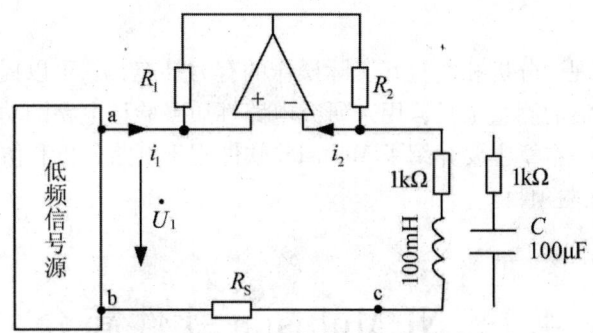

图 3.85　实验线路

① 调节低频信号使 $U_1 \leqslant 3V$，改变信号源频率 $f = 500 \sim 2000 Hz$，用双踪示波器观察 U_1 与 I_1 的相位差，判断是否具有容抗特征。

② 用 $0.1\mu F$ 的电容 C 代替 L，重复①的观察，判断是否具有感抗特征。

*3. **设计电路，利用两个负阻抗变换器实现回转器**

① 画出电路连接示意图，参数自选。

② 自行设计方法验证设计电路的回转器特性。

四、预习要求

1. 熟悉负阻抗变换器的结构与原理，查阅资料了解负阻抗变换器的相关应用。

2. 查阅相关资料，利用 Multisim 仿真负阻抗变换器（利用运放构成），对实验内容 1、2 进行仿真，记录仿真实验数据。

五、思考题

1. 测量负电阻的伏安特性时，能否采用正弦交流信号？

2. 正电阻和负电阻二者有何不同？

3. 戴维南定理是否适用于含负电阻的有源单口网络？

六、实验报告要求

1. 按照实验步骤操作，记录测量数据并计算有关参数、绘制曲线。

2. 实验内容 2 中，绘制示波器观察到的输入电压与输入电流的波形示意图，并写出其相位关系特征。

3. 从实验结果中总结对负阻抗变换器的认识，并回答思考题。

第四章 电工仿真实验

软件仿真是对理论分析和实验室实际操作的有力补充，它可以提供接近实际元件特性的模型和多种灵活的测量工具，用来研究电路性质或验证电路的功能，为分析和设计实际电路提供参考。本章主要介绍了 Multisim 软件用于电路分析和仿真的方法，并列出了 10 个参考仿真实验项目。

4.1 NI Multisim 软件简介

Multisim 是美国 National Instruments 公司推出的电子线路分析与仿真软件，属于该公司电子设计自动化软件套装的一部分。Multisim 是一个完整的设计工具系统，提供了一个庞大的元件数据库，并提供原理图输入接口、全部的数模 SPICE 仿真功能、VHDL/Verilog 设计接口与仿真功能、FPGA/CPLD 综合、RF 射频设计能力的后处理能力，还可以进行从原理图到 PCB 不限工具包的无缝数据传输。它提供的图形输入接口可以较好地满足使用者的设计需求。

Multisim 的突出特点是具有直观的图形界面，可以模仿出实际的工作台，并提供虚拟仪器测量和元件参数实时交互方法。它用软件的方法虚拟电子与电工元器件以及电子与电工仪器和仪表，通过软件将元器件和仪器集合为一体，可以方便地调用各种仿真元器件模型，创建电路，执行多种电路分析功能。软件仪器的控制面板外形和操作方式都与实物相似，可以实时显示测量结果，并可以交互控制电路的运行与测量过程。因此，Multisim 可以作为一种训练工具，以更灵活的方式进行电路实验，了解仿真电路的实际运行情况，熟悉电子仪器的使用。

Multisim 电路仿真过程包括输入数据、初始化、分析和输出四个主要步骤。输入数据是在用户建立了原理图、设定了元件值、选定了分析功能之后，仿真器读入电路数据；初始化是指仿真器构造并检验一组数据结构，其中包括对电路的完整描述；分析是对输入的电路进行分析。分析阶段形成并求解指定分析所要求的电路方程，产生用于直接输出或用于后处理的数据。输出主要是观察仿真结果。因此，对应软件仿真的四个主要操作步骤为输入和设置要仿真的相关电路、设定仿真参数、实施仿真和分析结果。

利用 Multisim 软件可以实现计算机仿真设计和虚拟实验，与传统的电子电路设计和实验方法相比具有以下特点：设计与实验可以同步进行，可以边设计边实验，修改调试方便；设计和实验用的元器件及测试仪器仪表齐全，可以完成各种类型的电路设计与实验；可以方便地对电路参数进行测试和分析；可以直接打印输出实验数据、测试参数、曲线和电路原理图；实验中不消耗实际的元器件，实验所需元器件的种类和数量不受限制，成本低，速度快，效率高等。

本章以 Multisim 14 版本为例，介绍 Multisim 在电路仿真及分析中的使用。

4.2 NI Multisim 的基本操作

4.2.1 Multisim 的软件界面

1. 主界面

启动 Multisim，可以看到其主界面。它由电路编辑工作区、菜单栏、工具栏、仪器仪表栏、状态栏、电路元件属性视窗等多个区域组成，如图 4.1 所示。通过对各区域的操作可以实现电路图的输入、编辑，并根据需要对电路进行相应的观测。

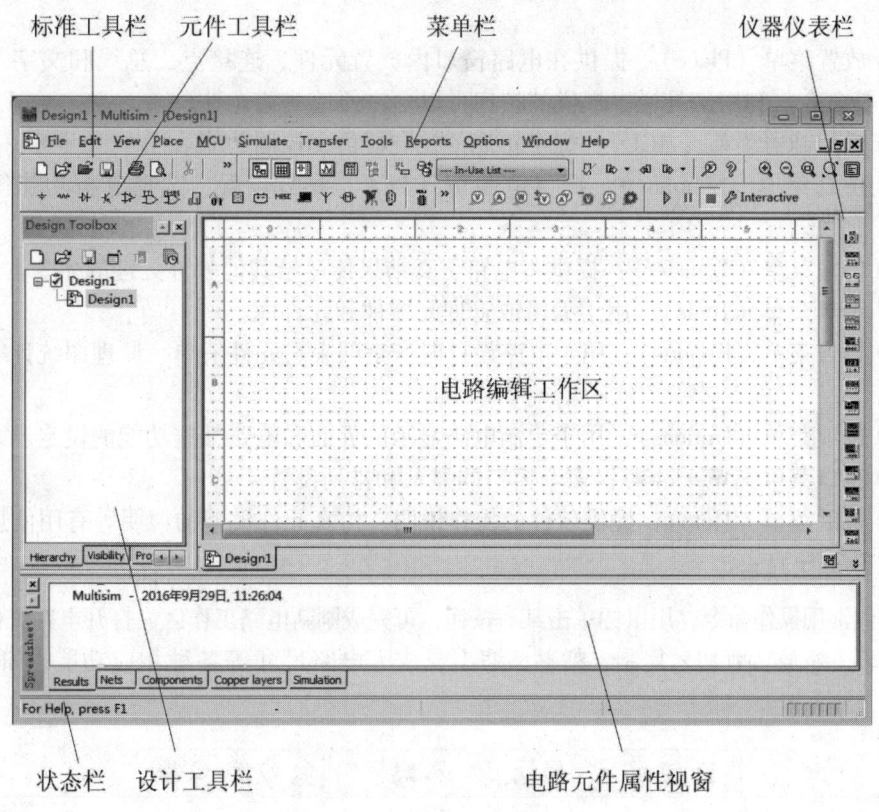

图 4.1 Multisim 主界面

Multisim 模仿了一个实际的电子工作台，其中最主要的区域是电路编辑工作区，在这里可以进行电路的连接和测试。菜单栏包括软件的所有操作命令，而各个工具栏则包含常用的操作命令快捷键按钮。用户可以通过菜单或工具栏改变主界面的视图内容。Multisim 的不同版本主界面及具体功能略有一些差异。

2. 菜单栏

菜单栏用于选择文件管理、创建电路和仿真分析所需的各种命令，如图 4.2 所示。从左到右依次为文件（File）、编辑（Edit）、视图（View）、放置（Place）、微控制器（MCU）、仿真（Simulate）、传输（Transfer）、工具（Tools）、报告（Reports）、选项（Options）、窗口（Windows）和帮助（Help）命令菜单。每个菜单组都有一个下拉菜单。

File Edit View Place MCU Simulate Transfer Tools Reports Options Window Help

图 4.2　菜单栏

① 文件菜单（File）：包含电路文件创建、保存、打开、设计项目管理、原理图及文件打印等命令。

② 编辑菜单（Edit）：主要包含原理图编辑、元件位置移动、设计元素复制粘贴等操作命令。

③ 视图菜单（View）：用于设置窗口显示内容、设定工具栏显示与否、内容缩放等。

④ 放置菜单（Place）：提供在电路窗口内放置元件、连接点、总线和文字、子电路操作等命令。利用工具栏中提供的按钮可以更方便地放置元件。

⑤ 微控制器菜单（MCU）：提供扩展的控制器仿真控制功能。

⑥ 仿真菜单（Simulate）：提供电路仿真与否、参数设置、选择分析功能等操作命令。

⑦ 传输菜单（Transfer）：提供将电路仿真结果传递给其他软件处理的命令。

⑧ 工具菜单（Tools）：用于编辑或管理元器件和元件库。

⑨ 报告菜单（Reports）：用于电路设计时产生网表、元件清单、原理图统计等报告文件。

⑩ 选项菜单（Options）：用于定制电路显示的界面和电路某些功能的设定。

⑪ 窗口菜单（Windows）：多个窗口的显示和排列设置。

⑫ 帮助菜单（Help）：提供软件的操作说明、仿真元件模型的说明等有用信息。

3. 标准工具栏

提供常用操作命令，用鼠标单击某一按钮，可完成刷新电路工作区、打开电路文件、存盘、打印、缩放、剪切、复制、粘贴、缩小或放大电路尺寸等各种相应功能，如图 4.3 所示。

图 4.3　标准工具栏

4. 元件工具栏

Multisim 提供了丰富的元件库，元件分门别类地放到多个元件分类库中，元件工具栏由这些元件库按钮组成,如图 4.4 所示,用来在电路编辑窗口放置用于设计或仿真的元件模型。

图 4.4 元件工具栏

元件工具栏中每个图形按钮代表一类 Multisim 元件库中的元件,这类元件模型参数与实际元器件具体型号相对应,不可任意改变。单击一个按钮会启动放置元件的对话框,在该对话框中预先选定对应的一类元件。图中各库依次为电源库、基本元器件库、二极管库、晶体管库、模拟集成电路库、TTL 数字器件库、CMOS 数字元件库、其他数字元件库、单片机外围设备库、混合数字集成元件库、模数混合元件库、指示器件库、杂项元件库、射频元件库、机电元件库、标记图标、设置层次栏按钮、设置总线按钮。

Multisim 中还提供另外一类元件称为虚拟元件,选择 Toobars→Virtual 命令即可打开虚拟元器件库,其中元件参数可任意修改。

5. 仪器仪表栏

Multisim 提供虚拟仪器仪表用来监测和显示分析的结果,仪器仪表栏的按钮用来向工作区中放置虚拟仪器。如图 4.5 所示,仪器仪表栏由左至右包含了数字多用表、信号发生器、功率表、双通道示波器、四通道示波器、波特图仪、频率计数器、数字信号发生器、逻辑分析仪、逻辑转换器、IV 特性分析仪、失真度分析仪、频谱分析仪、网络分析仪、函数信号发生器、台式万用表、100MHz 示波器、200MHz 示波器等。

图 4.5 仪器仪表栏

4.2.2 Multisim 基本电路的创建

Multisim 接受用户以图形的方式输入的电路,从中提取出分析电路所需要的元件参数和元件连接关系,自动建立电路方程。下面以创建 RLC 串联电路为例,简要说明 Multisim 创建基本电路的一般步骤。

1. 放置元件

用鼠标在元件工具栏相应的元器件库中选择需要的电源、电阻、电容、电感元件图标,单击放置或直接拖曳到电路编辑工作区适当位置。如图 4.6 所示。

2. 连接元件

将电路需要的元器件放置好后,用鼠标就可以方便地将器件连接起来。用鼠标单击电源 V_1 上面端子,然后将鼠标移向要连接的电阻 R_1 左端子,再单击后完成该条导线的连接,如图 4.7 所示。当需要删除或者改动连线时,则选定该导线,单击鼠标右键,在弹出菜单中选择相应功能即可。用类似的方法完成整个电路的连接,如图 4.8 所示。

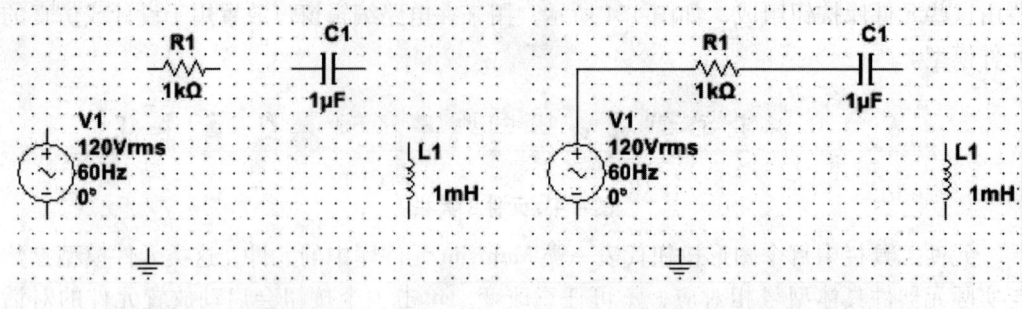

图 4.6 元件的放置　　　　　图 4.7 连接元件端点

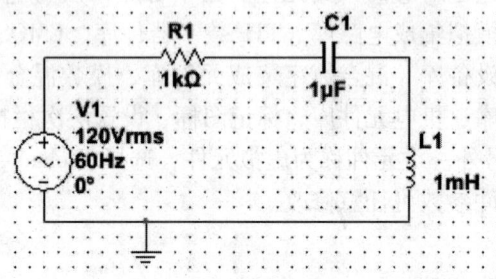

图 4.8 完成连接的电路

3. 设置元件参数

每个仿真元件都有若干属性或参数,双击一个元件的图标会弹出该元件的属性对话框,在其中可按照需要设置元件参数。例如,双击电源 V_1 图标后,将会弹出如图 4.9 所示属性对话框。

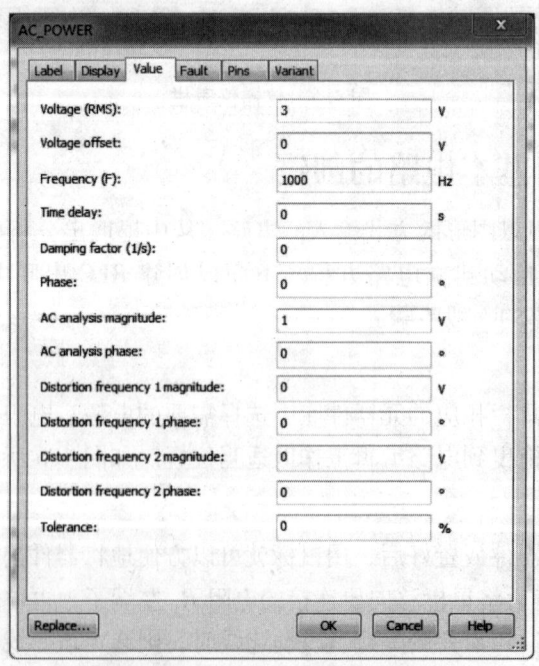

图 4.9 交流电压源属性对话框

电路连接好,设置好元件参数后如图 4.10 所示。单击仿真开关▷,就可以对电路进行仿真分析了。值得注意的是,整个电路图中至少有一个"地"元件,否则无法进行仿真。

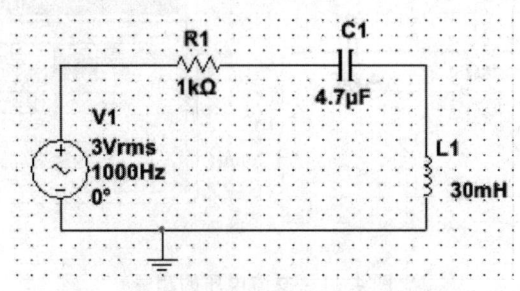

图 4.10　修改元件参数后的电路

4.2.3　Multisim 虚拟仪器仪表的使用

Multisim 为用户提供了类型丰富的虚拟仪器仪表,如图 4.5 所示,用户可以通过这些仪表观察仿真电路的运行状态、分析运行结果,在 Multisim 中称为交互仿真模式(Simulation)。交互式电路仿真实质上是对所选择变量不断进行计算,不断更新仪器显示,从而反映电路中电源和元件参数变化对电路特性的影响。

1. 仪器仪表的使用步骤

① 输入原理图,在工作区放置元件的原理图符号连接导线,设置元件参数。

② 放置和连接测量仪器。

仪器的放置:用鼠标将仪器库中的仪器拖放到电路工作区即可,类似元器件的拖放。

仪器的连接:将仪器图标上的连接段(接线柱)与相应电路的连接点相连,连线过程类似元器件的连接。

③ 设置仪器参数:用鼠标双击仪器图标即可打开仪器面板。用鼠标操作仪器面板上相应按钮及参数来设置对话窗口的数据。在测量或观察过程中,还可以根据测量或观察结果来改变仪器仪表参数的设置,如示波器、逻辑分析仪等。

④ 启动仿真开关,在仪器上观察仿真结果。

例如,需要测量图 4.10 电路中电阻 R_1 两端的交流电压,可以在仪器仪表栏中选择 图标,在工作区单击放置一个数字多用表。然后,用导线将多用表图标的接线端与 R_1 两个端点相连,如图 4.11 所示。双击数字多用表图标,打开其面板。在面板上选定电压测量和交流挡。按下主窗口仿真开关,电路仿真开始,电压显示在数字多用表上。若将多用表设定变为直流挡,也可以测量出 R_1 上的直流电压值。

2. 几种常用的仪器仪表

(1) 数字多用表(Multimeter)

数字多用表是一种可以用来测量交直流电压、交直流电流、电阻及电路中两点之间的分贝损耗,自动调整量程的数字显示多用表。其接线图标和面板如图 4.12 所示,双

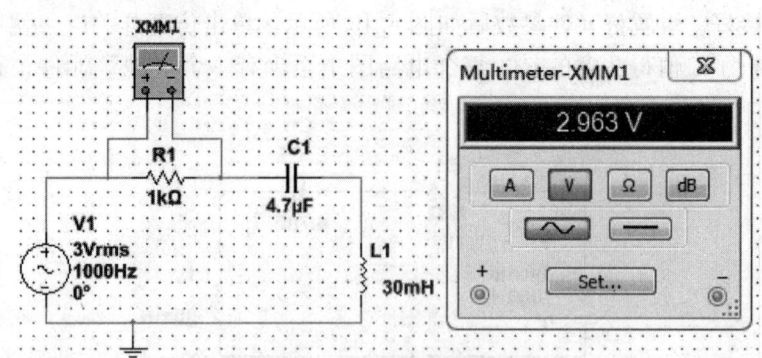

图 4.11　交流电压的测量

击连线图标打开面板。鼠标单击面板上的"Setting"按钮,则弹出参数设置对话框,可以设置数字多用表的电流表内阻、电压表内阻、欧姆表电流计测量范围等参数。

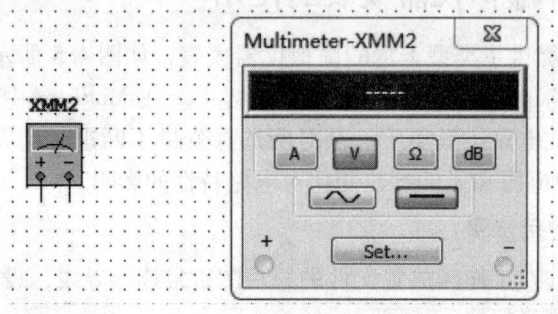

图 4.12　数字多用表接线图标和面板

(2) 函数信号发生器(Function Generator)

函数信号发生器是可以提供正弦波、三角波和方波三种不同波形信号的电压信号源,其连线图标和面板如图 4.13 所示。

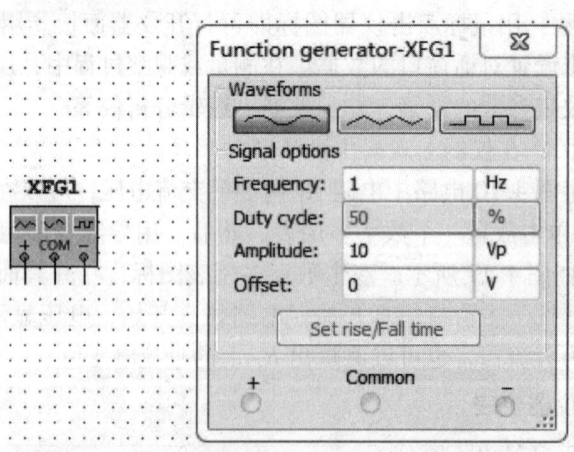

图 4.13　函数信号发生器接线图标和面板

信号发生器的连接方法：

① 连接"+"端与"COM"，输出信号为正极性信号，幅度值等于信号发生器的最大值。

② 连接"-"端与"COM"，输出信号为负极性信号，幅度值等于信号发生器的最大值。

③ 连接"+"端与"-"，输出信号幅度值等于信号发生器的最大值的两倍。

需注意的是，必须有一个端子与公共地相连接。

函数信号发生器的输出波形、工作频率、占空比、幅度和直流偏置，可用鼠标选择波形按钮和在各窗口设置相应的参数来实现。在仿真过程中，要改变上述参数时，必须暂时关闭电子工作台电源开关。改变参数后，重新启动一次"启动/停止"开关，函数信号发生器才能按新设置的数据输出信号波形。

（3）瓦特表（Wattmeter）

瓦特表又称功率计，用来测量电路的平均功率，其接线图标和显示面板如图 4.14 所示。注意在接线时要同时测量元件或电路端口的电压和电流，电压输入端与测量电路并联连接，电流输入端与测量电路串联连接。瓦特表在测量功率时同时测量电压与电流的相位差，给出功率因数值。

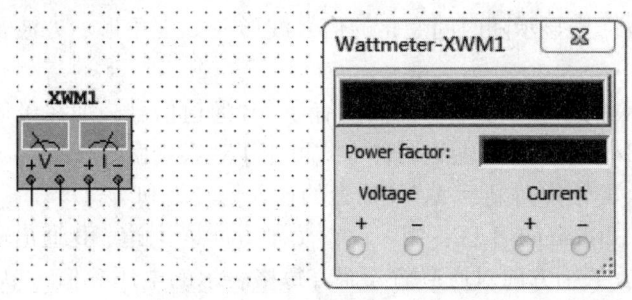

图 4.14 瓦特表接线图标和面板

（4）示波器（Oscilloscope）

示波器是用来显示电信号波形的形状、大小、频率等参数的仪器，其图标及面板如图 4.15 所示。

示波器与被测电路的连接方法是，将示波器连线图标上的端子与电路测量点相连接，每个通道的正端和负端分别连接被测电压的正、负端。当通道输入负端不连接时，默认该通道信号负端接地。

虚拟示波器的设置模仿了真实的示波器，常用设置参数包括以下三项。

① Timebase 区：用来设置 X 轴方向时间基线扫描时间。

"Scale"：选择 X 轴方向刻度代表的时间，单击该栏后将出现刻度列表供选择，根据所测试信号频率的高低，上下翻转选择适当的值。

"X pos（Div）"：表示 X 轴方向时基线的起始位置，修改其设置可使时间基线左右移动。

"Y/T"：表示 Y 轴方向显示 A、B 通道的输入信号，X 轴方向显示时间基线，并按

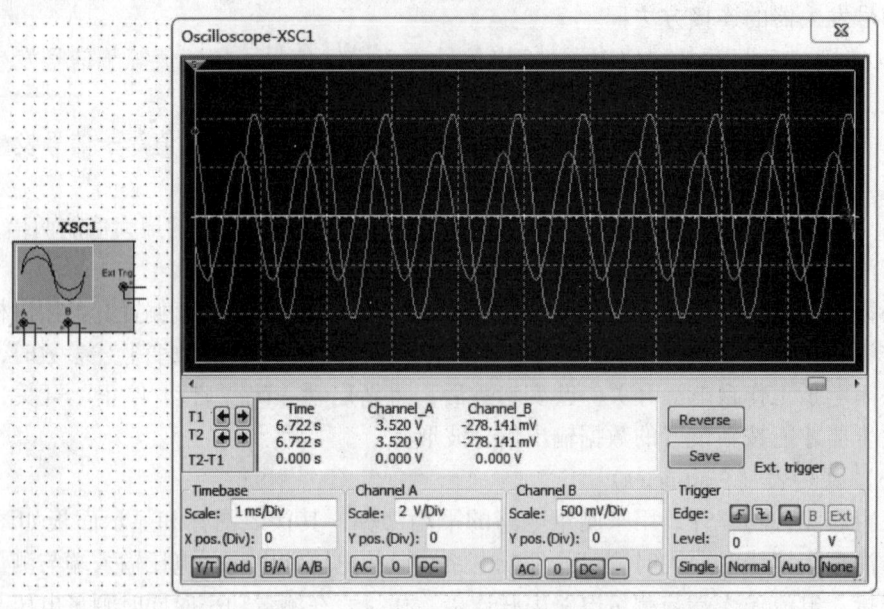

图 4.15 示波器接线图标及面板

设置时间进行扫描。当显示随时间变化的信号波形(如三角形、方波及正弦波等)时,常采用此种方式。

"B/A":表示 A 通道信号为 X 轴扫描信号,B 通道信号施加在 Y 轴上。

"A/B":与 B/A 相反,以上这两种方式可用于观察李萨育图形。

"Add":表示 Y 轴方向显示 A、B 通道的输入信号之和。

② Channel A、Channel B 区:用来设置 Y 轴方向 A 通道、B 通道输入信号的标度。

"Scale":表示 Y 轴方向对通道输入而言每格表示的电压数值,单击该栏将出现刻度选择列表,根据所测试电压的大小,选择适当的值。

"Y pos(Div)":表示时间基线在显示屏幕中的上下位置,当其值大于零时,时间基线在屏幕中线上侧,反之在下侧。

"AC":表示屏幕仅显示输入信号中的交变分量(相当于实际电路中加入了隔直流电容)。

"DC":表示屏幕将信号的交直流分量全部显示。

"0":表示将输入信号对地短路。

③ Trigger 区:示波器触发方式设置。

"Edge":可选择 A、B 通道或外触发信号的上升沿或下跳沿作为触发信号。

"Level":用于设置触发电平。

"Single":选择单脉冲触发。

"Normal":选择正常触发。

"Auto":表示触发信号不依赖外部信号。一般情况下选择这种方式。

利用虚拟示波器可以模仿真实示波器的功能进行波形观测,其使用要点如下。

① 波形参数的测量:在图 4.15 面板屏幕上有两条可以左右移动的读数游标,游标

上方有三角形标志，通过鼠标左键可拖动游标左右移动。在显示屏幕下方有三个测量数据的显示区。第1行、第2行分别为第1游标和第2游标的测量数据；第3行为两个游标对应数据之差。

游标数据取最左侧一列（第一列）数据为两游标位置的时间和时间差。第二列数据为通道 A 的两个游标位置信号幅度值及幅度差；第三列为通道 B 的两个游标位置信号幅度值及差值。时间单位取决于"Time base"设置的时间单位；A、B 通道的信号幅度值为电路中测量点的实际值，与"Scale"和"Y pos"设置值无关。

为了测量方便准确，单击"停止"或"暂停"按钮使波形"冻结"，然后再测量。

② 信号波形显示颜色的设置：只要将 A、B 通道正端连接导线的颜色进行设置，显示波形的颜色便与导线的颜色相同。方法是右键单击连接导线，在弹出的对话框中对导线颜色进行设置。

③ 改变屏幕背景颜色：单击展开面板右下方的"Reverse"按钮，即可改变屏幕背景的颜色。如要将屏幕背景恢复为原色，再单击一次"Reverse"按钮即可。

④ 波形读数的存储：对于读数指针测量的数据，单击展开面板右下方"Save"按钮，即可将其存储。数据是按 ASCII 码格式存储的。

⑤ 波形的移动：在动态显示时，单击暂停或停止按钮后，均可通过改变"X position"设置来左右移动波形；利用鼠标拖动显示屏幕下沿的滚动条，也可左右移动波形。

（5）波特图仪（Bode Plotter）

波特图仪类似于实验室的扫频仪，可以用来测量和显示电路的幅度频率特性和相位频率特性，其接线图标和面板如图 4.16 所示。波特图仪的 IN 和 OUT 两对端口，分别接电路的输入电压端和输出电压端。在使用波特图仪时，在电路的输入端接任意频率的交流信号源，频率的测量范围由波特图仪的参数设定决定。波特图仪的面板及其操作如下。

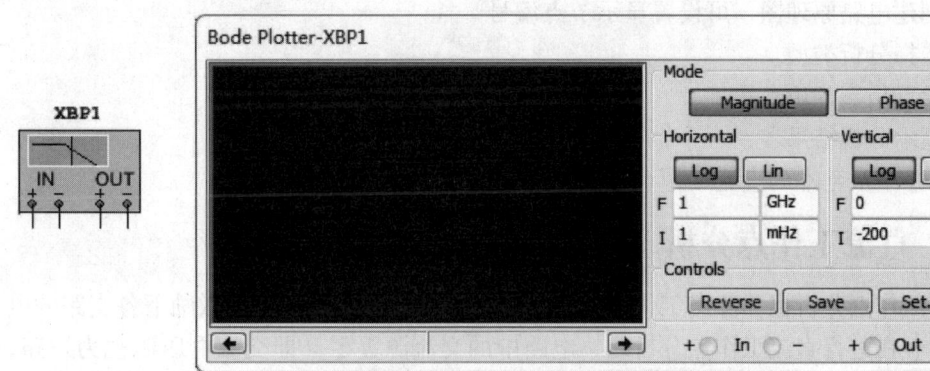

图 4.16　波特图仪接线图标及面板

"Magnitude"：选择显示幅频特性曲线。

"Phase"：选择显示相频特性曲线。

"Save"：以 BOD 格式保存测量结果。

"Set…": 设置扫描的分辨率,单击该按钮后可设置扫描分辨率,其数值越大,读数精度越高,但要增加运行时间,默认值是 100。

测量幅频特性时,单击"Log"按钮后,Y 轴的刻度单位是 dB,标尺刻度为 20Log $(A(f))$ dB,其中 $A(f) = V_o(f)/V_i(f)$;当单击"Lin"按钮后,Y 轴是线性刻度。测量相频特性时,Y 轴坐标表示相位,单位是度,刻度是线性的。该区下面的 F 栏设置最终值,I 栏设置初值。左侧的对应栏是设置 X 轴的参数的(频率值),也有对数和线性坐标之分,单位是 Hz。显示区有读数指针,可用鼠标拖动指针察看相应的读数。

4.3 NI Multisim 电路分析方法

Multisim 对模拟电路提供 SPICE 电路分析功能,利用 Multisim 的仿真引擎求解电路方程,得到描述电路特性所需要的一组变量。这些变量可以直接显示在分析图形(Grapher View)窗口中,作为曲线或数值图表;也可以保存起来作为 Multisim PostProcessor 后处理的原始数据;还可以输出到其他软件(如 Microsoft Excel)中作为进一步计算或图表形成所需的数据。

Multisim 最基本的电路分析功能为直流工作点分析(DC Operating Point Analysis)、交流分析(AC Analysis)和暂态分析(Transient Analysis);其他更为复杂的分析功能在这些功能上组合、派生出来,或依赖于基本分析的结果,包括直流扫描分析(DC Sweep)、参数扫描分析(Parameter Sweep)、传递函数分析(Transfer Function)、极零点分析(Pole-Zero)等分析方法。

Multisim 仿真分析的基本步骤:
① 创建电路原理图,可设置显示节点编号。
② 选择分析类型。
③ 设置仿真分析参数。
④ 显示分析结果。

下面介绍最基本的直流工作点分析、交流分析、暂态分析方法。

4.3.1 直流工作点分析

直流工作点分析也称静态工作点分析,就是计算电路在直流电源激励下各支路的电压和电流。在进行直流工作点分析时,电路中的交流源置零(即交流电压源视为短路,交流电流源视为开路),电容视为开路,电感视为短路,数字器件视为高阻接地。

基本步骤如下:
① 创建要分析的电路原理图,选择菜单命令"Simulate"→"Analyses and Simulation"→"DC Operating Point",弹出 DC Analysis 对话框。
② 在"Output"选项卡下选定所要分析的电路参数,如图 4.17 所示。

③ 单击"Simulate"按钮，显示分析结果。

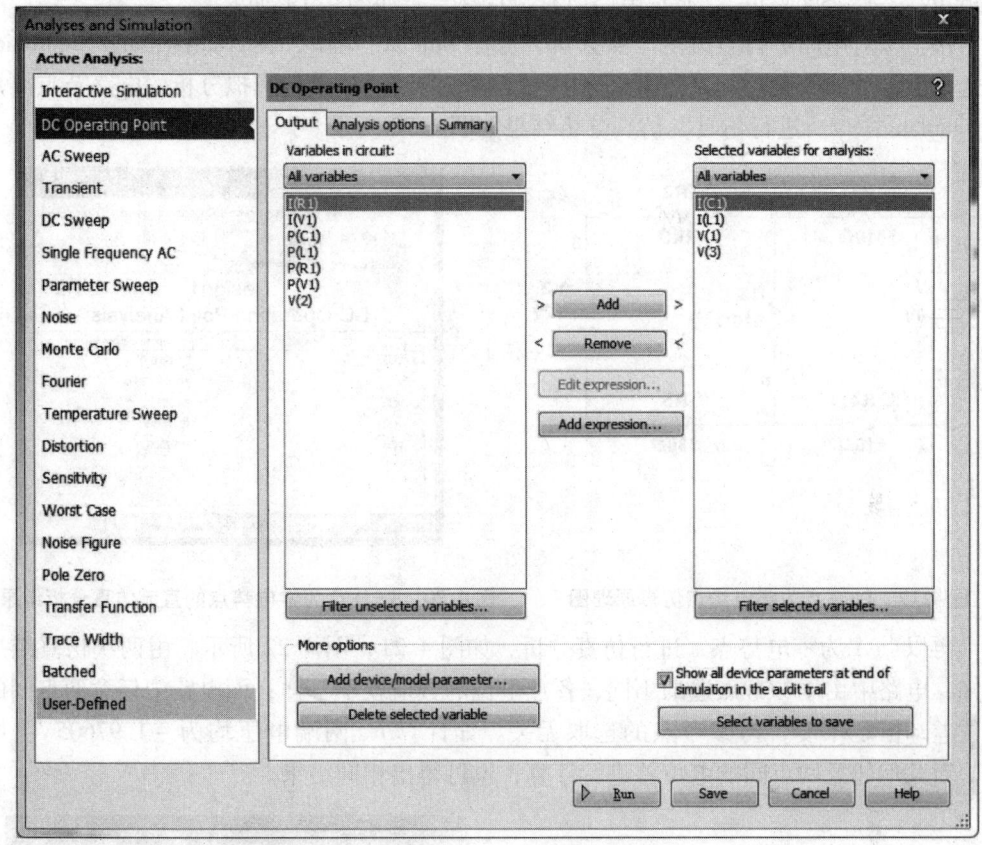

图 4.17　直流分析对话框

【例 4.1】 电压电位的测定。

在一个确定的闭合电路中，各点电位的高低视所选的电位参考点的不同而变，但任意两点间的电位差（即电压）则是绝对的，它不因参考点电位的变动而改变。利用 Multisim14 软件对图 4.18 所示电路进行仿真分析，选择不同的电位参考点测定其电压电位，研究其各点电压电位变化的规律。

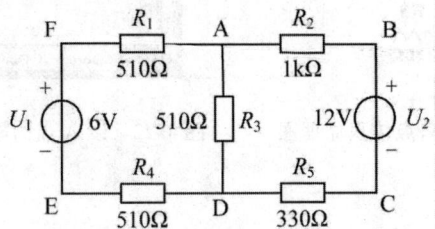

图 4.18　电位、电压的测定电路图

首先选择所需元件，连接电路原理图，设 D 点为零电势点，为了方便分析不同节点的电压电位变化，执行菜单命令"Options"→"Sheet properties"→"Sheet visibility"→"Show all"，显示电路所有节点标号，如图4.19所示。

接下来对电路进行直流工作点分析，选择 simulate 菜单，在 Analyses and Simulation 下选择 DC Operating Point Analysis 选项，在对应的对话框里选择拟分析的电路节点。点击 simulate 命令，进行仿真。仿真分析结果如图4.20所示。

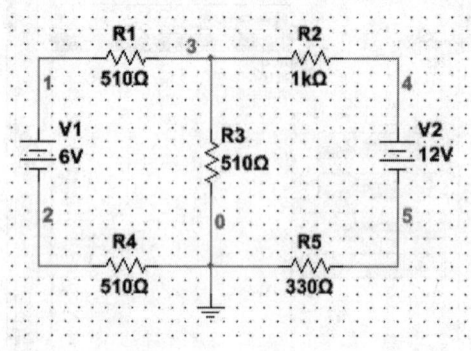
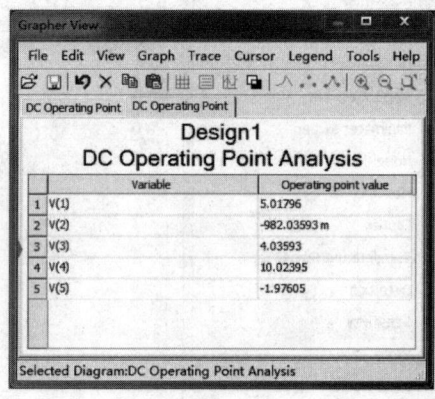

图4.19 以D点为零电势点仿真原理图　　图4.20 以D点为零电势点的直流仿真分析结果

再以点A为零电势点，进行仿真分析，如图4.21、图4.22所示。由两次仿真结果可知，电路中由于参考点选的不同，各点电位的数值就不一样；而电路中任意两点间的电位差却恒定不变，与参考点的选取无关。如计算 R_5 两端电压均为 -1.97605V。同样，对其他任意两点间的电位差进行计算，也可得出相同结果。

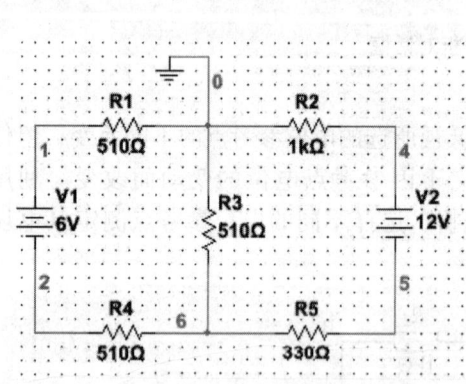
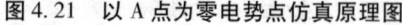
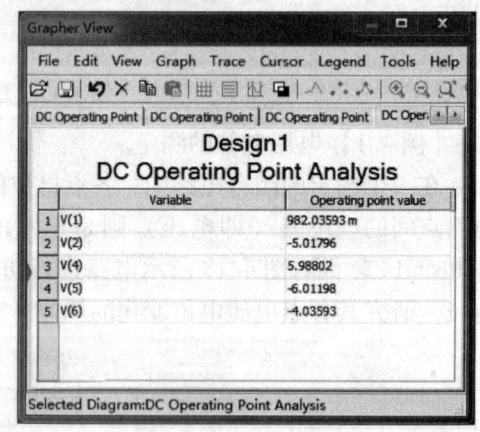

图4.21 以A点为零电势点仿真原理图　　图4.22 以A点为零电势点的直流仿真分析结果

4.3.2　交流分析

交流分析又称为交流频率扫描分析，其作用主要为分析电路中任意节点处的频率特性。在交流分析中，电路的直流源将自动置零，交流信号源、电容、电感等均自动处于交流模式，输入电源信号由系统自动设置为正弦交流信号。

基本步骤如下：

① 创建要分析的电路原理图，选择菜单命令"Simulate"→"Analyses and Simulation"→"AC Sweep"，选择 AC Sweep 对话框（早期 Multisim 版本中为 AC Analysis）。

② 设定频率扫描分析参数，如图 4.23 所示，包括分析的起始频率（Start frequency）、终点频率（Stop frequency）、扫描形式（Sweep type）、显示点数和纵轴尺度（Vertical scale）。其中扫描形式是频率变化的方式，包括 Decade（10 倍程）、Octave（2 倍程）、Linear（线性）。纵轴尺度包括线性（Linear）、对数（Logarithm）及分贝（Decimal）。

③ 设置分析对象。在"Output"选项卡下选择输出项。

④ 单击"Simulate"按钮，显示分析结果。

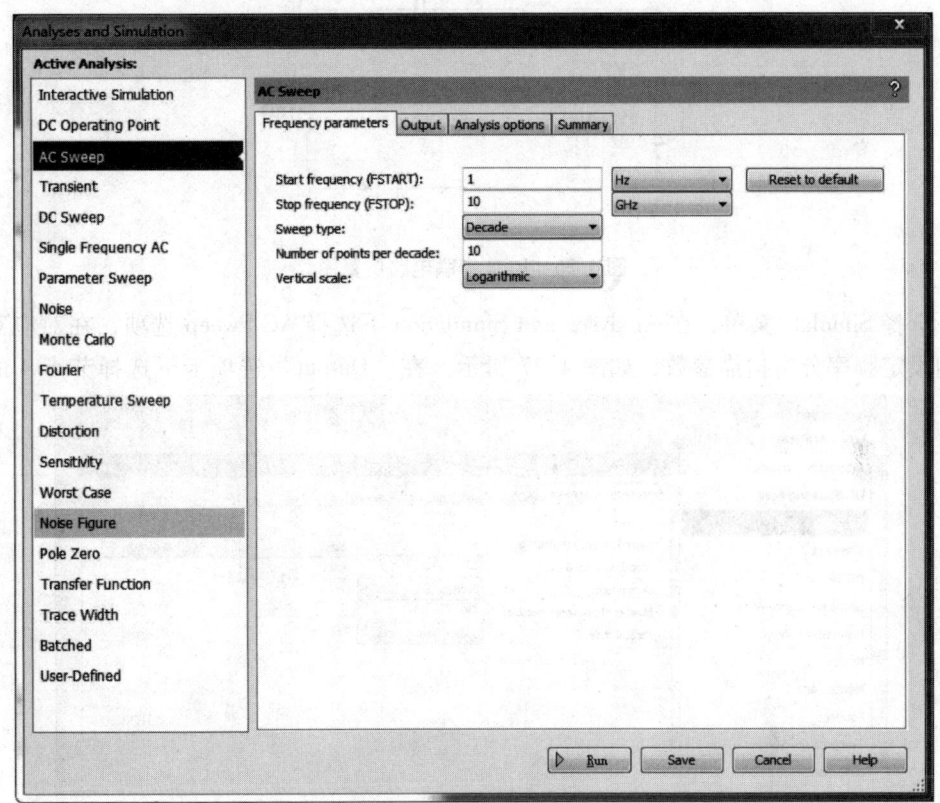

图 4.23 AC Sweep 对话框

【例 4.2】RLC 串联谐振电路的研究。

如图 4.24 所示 RLC 串联电路中，电流 i 随着正弦交流信号源 u_i 的频率 f 改变而变化。取电阻 R 上的电压 u_o 作为响应，当输入电压 u_i 的幅值维持不变时，在不同频率的信号激励下，电路幅频特性曲线（亦称谐振曲线）如图 4.25 所示。幅频特性曲线尖峰所在的频率点称为谐振频率 f_0，$f_0 = \dfrac{1}{2\pi\sqrt{LC}}$。利用 Multisim14 软件交流分析法分析该电路幅频特性。

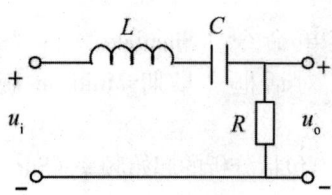
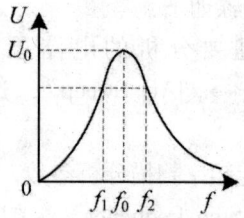

图 4.24　RLC 串联谐振电路　　　　　　　图 4.25　谐振曲线

首先建立电路原理仿真图，设置好元件及电源参数，显示电路所有节点标号，如图 4.26 所示。

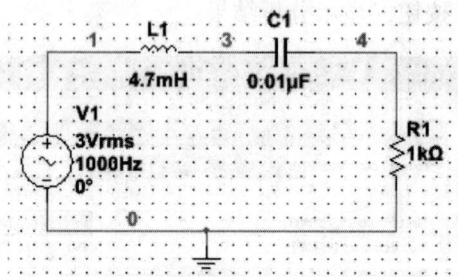

图 4.26　RLC 串联电路仿真图

选择 Simulate 菜单，在 Analyses and Simulation 下选择 AC Sweep 选项，在对应对话框内设定频率分析扫描参数，如图 4.27 所示。在"Output"选项卡下选择节点 4 的电

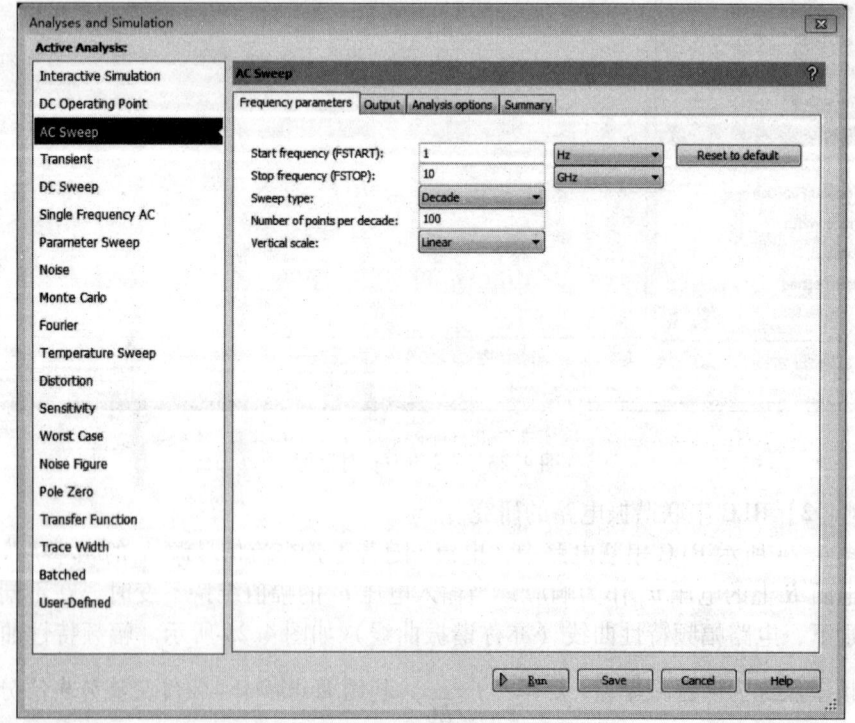

图 4.27　AC 频率扫描分析参数设置对话框

压 $V(4)$ 作为分析输出结果。

按下 Simulate 按钮，即可以看到如图 4.28 所示仿真幅频和相频分析结果。可使用光标查看具体坐标值。

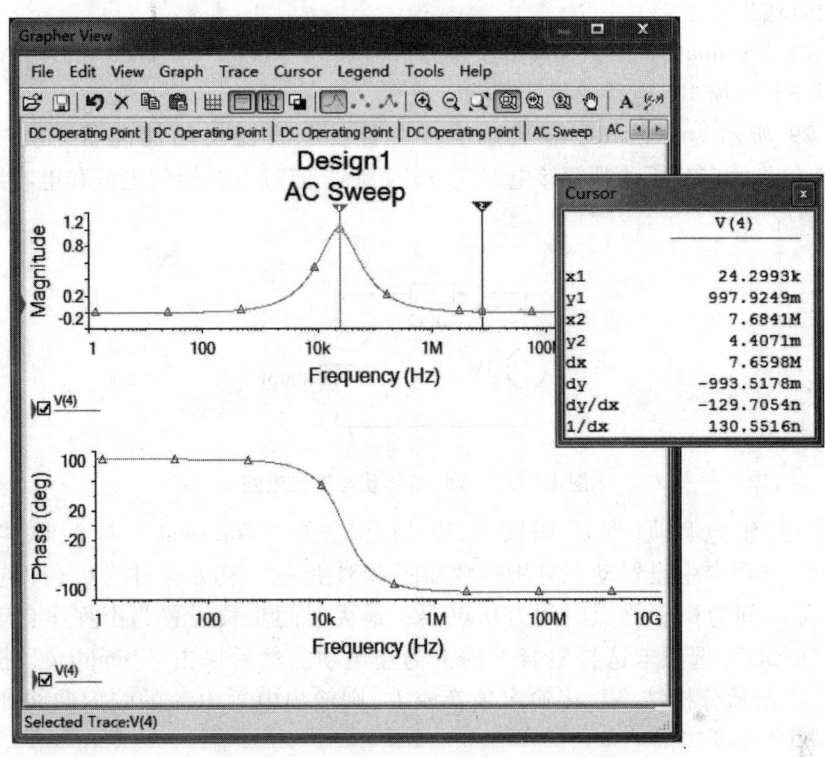

图 4.28 RLC 串联电路交流仿真分析结果

4.3.3 暂态分析

暂态分析即电路的动态分析，又叫瞬态分析，是对所选电路的节点进行时域分析，观察该节点的电压或电流随时间变化的情况。

基本步骤如下：

①创建要分析的电路原理图，选择菜单命令"Simulate"→"Analyses and Simulation"→"Transient"，选择 Transient 对话框。

②在"Analysis parameters"选项卡中设置动态分析参数，主要参数的意义如下。

初始条件选择（Initial conditions）：

- "Set to Zero"：初始值设置为零。
- "User – defined"：用户自定义初始值。
- "Calculate DC Operating Point"：采用直流工作点分析结果为初始值。
- "Automatically Determine Initial condition"：由程序自动设置初始值。

分析时间与步长：

- "Start time"：起点时间。

- "End time"：终点时间。

步长通常可以选择自动步长（Generate time steps automatically）。当得到的曲线不够精细平滑时，可以手工设置，增加单位时间计算的点数。

③ 设置输出变量。

④ 单击"Simulate"按钮，即可获得分析结果。

【例 4.3】一阶 RC 电路的零状态响应观测。

图 4.29 所示为一阶 RC 零状态响应电路，电容器初始储能状态为零。利用 Multisim14 软件暂态分析法观察该电路充电开始后，流过电容器的电流和电容器两端电压的变化情况。

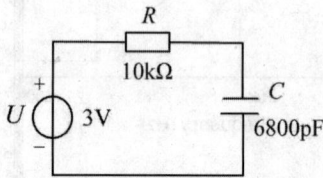

图 4.29　一阶 RC 零状态响应电路

首先，创建电路原理图如图 4.30 所示。在"Transient"对话框"Analysis parameters"选项卡中设置动态分析参数如图 4.31 所示，初始条件为 0（即选择 Set to zero），起始时间为 0s；终点时间为 0.001s；最大时间步长设置为由程序自动决定分析。在"Output"选项卡选择电容上的 V 为输出项。然后单击"Simulate"按钮，弹出如图 4.32 所示分析结果。将输出项换成 I，则输出电容电流的响应曲线如图 4.33 所示。

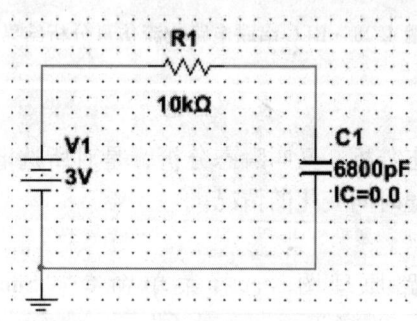

图 4.30　创建电路原理图

图中 RC 充电电路时间常数 $\tau = RC = 68\mu s$，工程上认为当充电时间达到 $(3 \sim 5)\tau$ 时，充电基本完成。由分析结果图可以看出，电容器两端电压按指数函数规律逐渐增大，当充电时间达到 0.35ms（5τ）时，电容器两端电压被充至 2.98V。充电电流按指数函数规律减小，当充电时间达到 0.35ms 时，充电电流变得很小，接近于 0，充电过程基本完成。

第四章 电工仿真实验

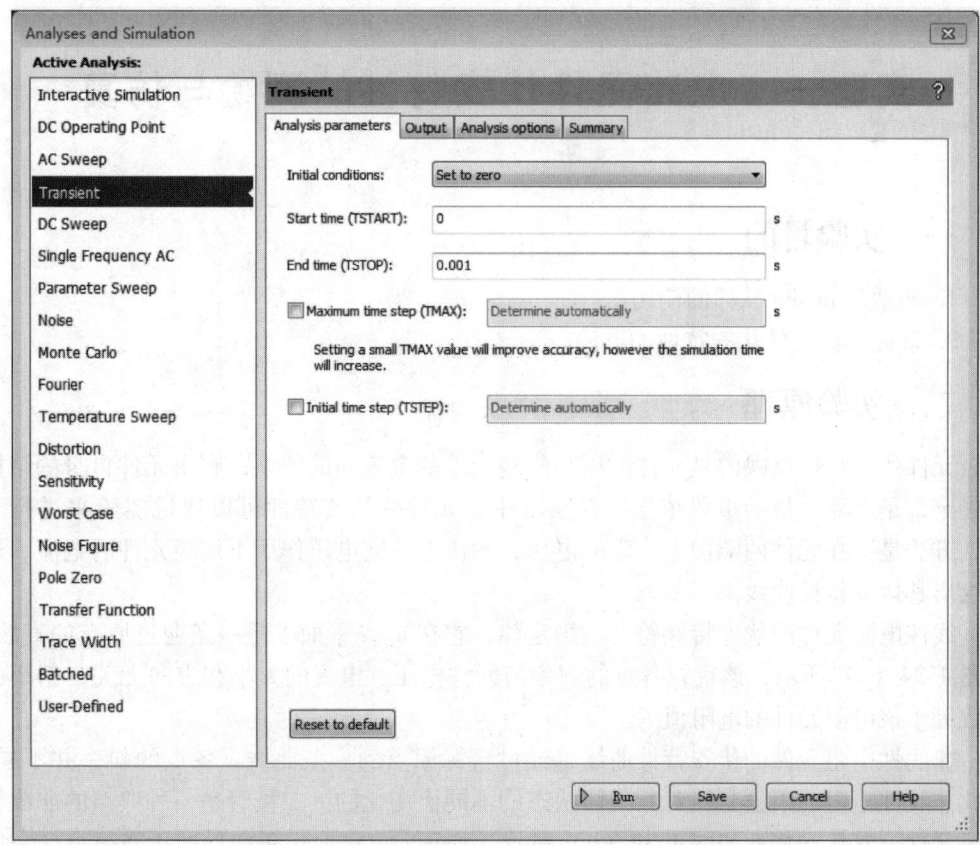

图4.31 分析参数设置

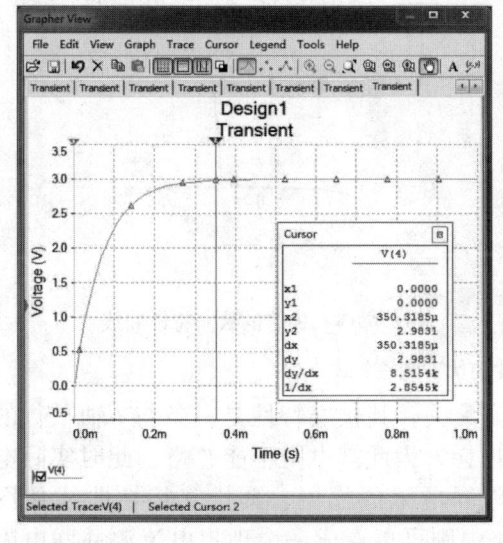

图4.32 充电电压响应曲线

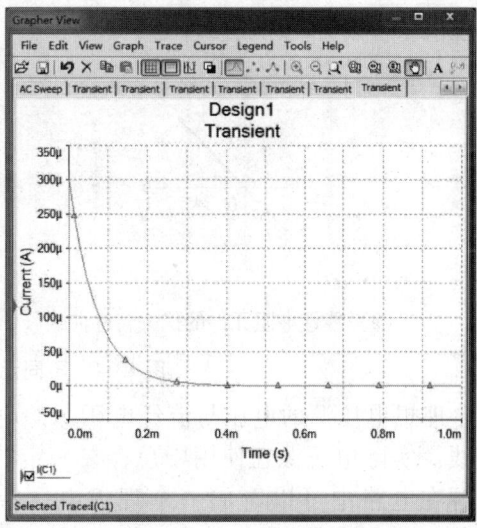

图4.33 充电电流响应曲线

实验一　电路元件伏安特性的测绘与仿真

一、实验目的

1. 熟悉 Multisim 软件的使用。
2. 掌握测绘元件伏安特性的方法。

二、实验原理

元件伏安特性反映的是元件电压与流经元件的电流间的关系，它由元件自身的结构所决定，是电路分析的重要依据。在实际中，元件的伏安特性可以通过实验来进行测定，方法是：在元件两端加上一定的电压，测出在不同电压作用下流经元件的电流，进而绘出其伏安特性曲线。

线性电阻元件的伏安特性符合欧姆定律，它在 $u-i$ 平面上是一条通过原点的直线，如图 4.34（a）所示，该直线各点的斜率与元件电压、电流的大小和方向无关，斜率的倒数等于该电阻元件的电阻值 R。

非线性电阻元件的伏安特性曲线是经过坐标原点的一条曲线，各点的斜率并不同，因此非线性电阻的阻值是随着其工作状态的不同而变化的。二极管是一种典型的非线性电阻元件，其伏安特性如图 4.34（b）所示。加正向电压时，正向导通压降很小（一般锗管约为 0.2~0.3V，硅管约为 0.5~0.7V），正向电流随正向电压的增大而急剧增加。加反向电压时，流经二极管的电流很小，可粗略地视为零。但加反向电压时不能超过其耐压值，否则会烧坏二极管。

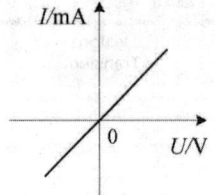　　　　　　　　　　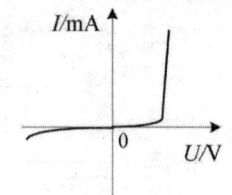

（a）线性电阻元件的伏安特性曲线　　　　（b）晶体二极管的伏安特性曲线

图 4.34　不同元件的伏安特性曲线

理想电压源的电压与流经电压源的电流无关，其伏安特性是一条与 I 轴平行的直线。实际电压源在使用中总存在一定的损耗，因此其电阻不能忽略，此时实际电压源在电路中可以看成一个理想电压源串联电阻的模型，其伏安特性曲线如图 4.35（a）所示。同理，实际电流源在电路中则可以看成一个理想电流源并联电阻的模型，其伏安特性曲线如图 4.35（b）所示。测试实际电源的伏安特性时，需要给它们外接一定的负载（如电阻），通过测试不同负载下电源的端电压和电流来获得其伏安特性。

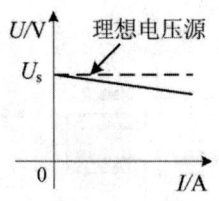 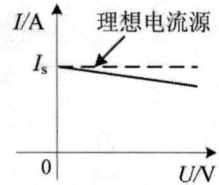

（a）实际电压源的伏安特性曲线　　　　（b）实际电流源的伏安特性曲线

图4.35　电源及其伏安特性曲线

三、实验内容

1. 测量线性电阻的伏安特性

在电路工作区建立如图4.36所示电路，测量2kΩ电阻的伏安特性。电压表和电流表分别用万用表代替，直流电源可直接从元件库中调用。双击直流电源图标可以修改电压数值。使电源电压从0V逐渐变化到10V，将电阻上的电压和电流测量值记录入表4.1中。

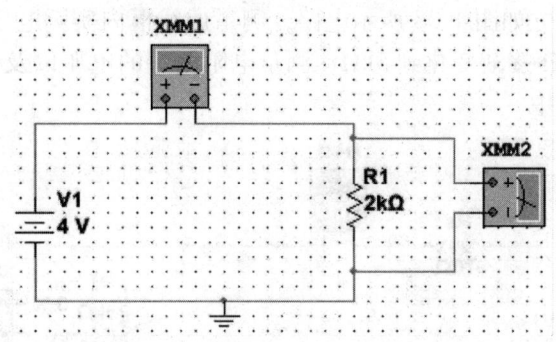

图4.36　线性电阻伏安特性测试仿真电路

表4.1　线性电阻伏安特性测量数据

U_{R1}/V	0	2	4	6	8	10
I_{R1}/mA						

2. 测量二极管的伏安特性

在电路工作区建立如图4.37所示电路，测量1N4007二极管的伏安特性。改变电源电压，使二极管的端电压从0V逐渐变化到0.7V，将结果记录到表4.2中。

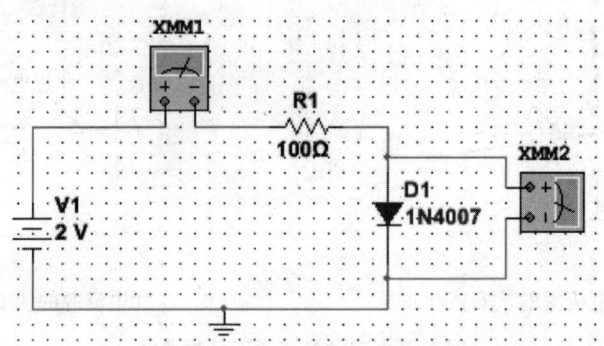

图 4.37 二极管伏安特性测试仿真电路

表 4.2 二极管正向特性测量数据

U_D/V	0	0.2	0.4	0.5	0.55	0.6	0.65	0.7
I_D/mA								

3. 测量实际电压源的伏安特性

在电路工作区建立如图 4.38 所示电路，测量虚线框内实际电压源的伏安特性。改变可变电阻的值从 0Ω 逐渐变化到 5kΩ，测量电阻两端的电压以及电路中流过的电流，将结果记录到表 4.3 中。

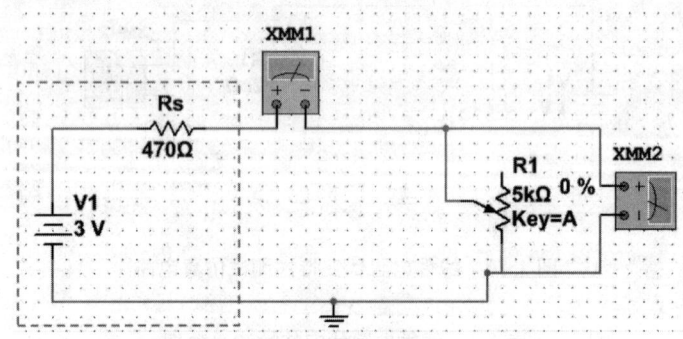

图 4.38 实际电源伏安特性测试仿真电路

表 4.3 实际电压源伏安特性测量数据

R_1/kΩ	0	1	2	3	4	5
U_{R1}/V						
I_{R1}/mA						

四、思考及拓展

1. 根据表 4.1 所测数据，绘制线性电阻的伏安特性曲线，说明所用绘图软件。

2. 根据表 4.2 所测数据,绘制二极管的正向伏安特性曲线。
3. 根据表 4.3 所测数据,绘制实际电压源的伏安特性曲线。

实验二　基尔霍夫定律的验证与仿真

一、实验目的

1. 进一步熟悉 Multisim 软件的使用。
2. 通过仿真实验验证基尔霍夫定律。
3. 掌握虚拟直流电压源、电压表、电流表的使用方法。

二、实验原理

基尔霍夫定律是电路的基本定律。测量某电路的各支路电流及每个元件两端的电压,应能分别满足基尔霍夫电流定律(KCL)和电压定律(KVL)。即对电路中的任一个节点而言,应有 $\sum I = 0$;对任何一个闭合回路而言,应有 $\sum U = 0$。

三、实验内容

1. 验证基尔霍夫电流定律(KCL)

在电路工作区建立如图 4.39 所示电路,并显示电路全部节点标号。

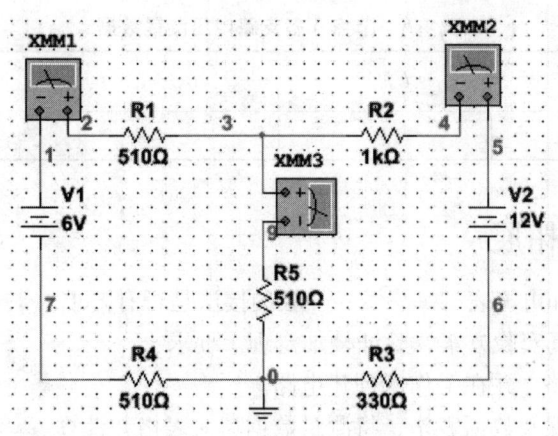

图 4.39　验证基尔霍夫电流定律仿真电路

将电路中的万用表 1、2、3 设置为电流模式,单击仿真开关,测量节点 3 所有流出节点的支路电流 I_1、I_2、I_3,将测量数据填入表 4.4 中,计算代数和。注意应先确定各支路电流的参考方向。

表 4.4　节点 3 各支路电流测量数据

I_1/A	I_2/A	I_3/A	$\Sigma I/A$

2. 验证基尔霍夫电压定律（KVL）

将电路中的万用表 1、2、3 设置为电压模式，并联在电路中，如图 4.40 所示，测量闭合回路 0713 各段电压，并将测量数据填入表 4.5 中，计算代数和。注意选定回路的绕行方向。

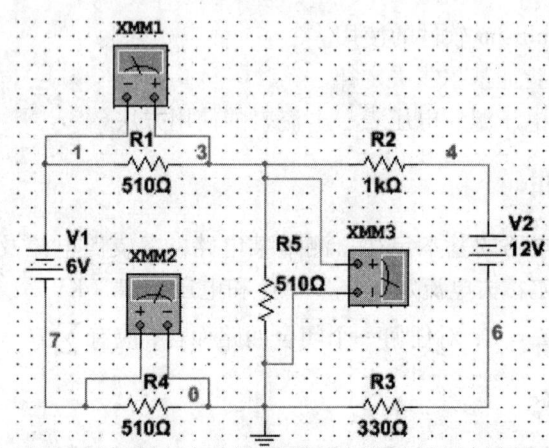

图 4.40　验证基尔霍夫电压定律仿真电路

表 4.5　节点 3 各支路电压测量数据

U_1/V	U_2/V	U_3/V	$\Sigma U/V$

四、思考及拓展

1. 思考电压表和电流表"＋""－"级的接法是否有要求。
2. 自行设计仿真实验方案，验证叠加定理。要求：
① 设计仿真电路，并在工作区创建电路。
② 设计测量步骤及数据表格，将测量数据填入表格并计算。
③ 根据测量数据及结果给出结论。

实验三 电压源和电流源的等效变换仿真

一、实验目的

1. 掌握电压源与电流源等效变换的条件。
2. 掌握虚拟直流电流源的使用方法。

二、实验原理

理想的恒压源和恒流源之间不能等效变换,因为前者内阻为0,后者内阻为无穷大。但是一个实际的电压源,就其外部特性而言,可以等效看成是一个电流源。因为实际电压源存在内阻,可看成一个理想的电压源 U_s 与一个电阻 R_0 相串联;而实际的电流源,则可看成一个理想电流源 I_s 与一电导 g_0 相并联。实际电压源和实际电流源的等效只是对外部而言的,即如果有两个电源,它们能向同样大小的电阻提供同样大小的电流和端电压,则称这两个电源是等效的,即具有相同的外特性。

一个电压源与一个电流源等效变换的条件为:

电压源变换为电流源:$I_s = U_s/R_0$,$g_0 = 1/R_0$。

电流源变换为电压源:$U_s = I_s R_0$,$R_0 = 1/g_0$。

三、实验内容

1. 电压源变换为电流源

图 4.41(a)所示为含电压源的电路,图 4.41(b)为将电压源按照条件转换为等效电流源后的电路,变换前后两种实际电压源外接同样的可变负载电阻,串联电流表测量负载电流,并联电压表测量负载电压。在电路工作区建立如图 4.41 所示电路,改变负载大小,记录电压表、电流表数据,验证外电路 U–I 特性是否完全相同。

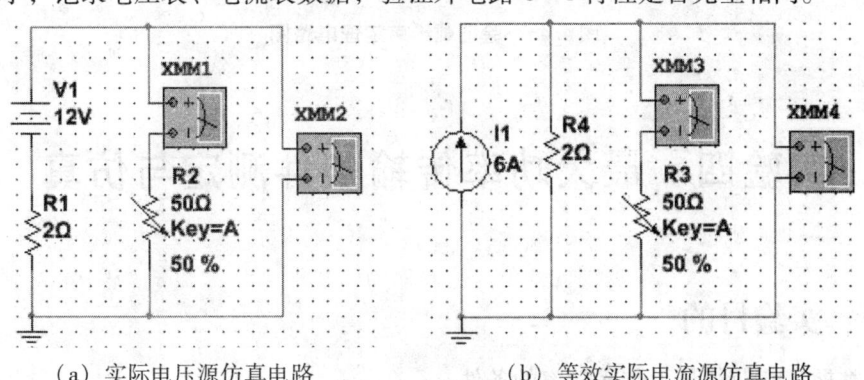

(a)实际电压源仿真电路　　　　(b)等效实际电流源仿真电路

图 4.41　电压源等效变换为电流源仿真电路

2. 电流源变换为电压源

图 4.42 所示为含电流源的电路，按照条件计算出等效电压源参数，参考实验内容 1，画出等效电路原理图，并在电路工作区建立电路。用同样方法验证电流源与电压源的等效。

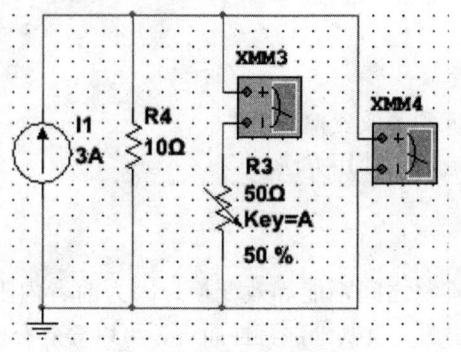

图 4.42 实际电流源仿真电路

四、思考及拓展

针对图 4.43 所示电路，设计仿真实验方案，验证戴维南定理。要求：
① 设计实验步骤。
② 按照步骤创建仿真电路并记录测量数据。
③ 根据实验结果给出结论。

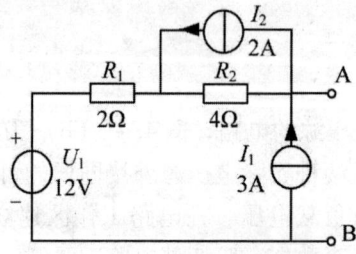

图 4.43 验证戴维南定理电路图

实验四　最大功率传输条件测定与仿真

一、实验目的

1. 掌握负载获得最大传输功率的条件。
2. 熟悉虚拟功率表的使用方法。

二、实验原理

最大功率传输定理可以表述为:对于给定的电源电路,负载电阻获得最大功率的条件是负载电阻必须等于电源内阻,这称为负载与电源匹配。

三、实验内容

图 4.44 为测试电路,电源电压为 120V,内阻为 10Ω,负载电阻 R_2 为可变电阻。采用两个功率表,一个用来测量电源的输出功率,另一个测量负载获得的功率。改变负载电阻 R_2 的阻值,使其从 2Ω 逐渐增大到 20Ω,记录不同负载下两个功率表的数据,并计算电源的传输效率,填入表格 4.6 中。分析表格数据,给出结论。

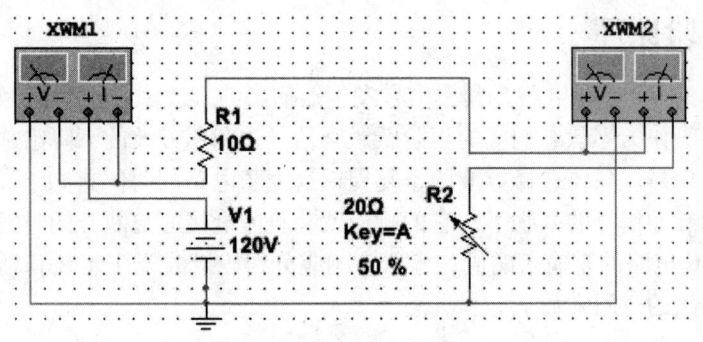

图 4.44 负载功率的测量

表 4.6 电源输出功率、负载获得的功率及传输效率

负载电阻/Ω	2	4	6	8	10	12	14	16	18	20
电源输出功率/W										
负载获得功率/W										
传输效率/%										

四、思考及拓展

针对图 4.44 所示测试电路,不采用功率表,用参数扫描法分析电路的负载功率。

① 查阅相关资料,采用"参数扫描法"分析电路,选择负载 R_2 为扫描对象。

② 选择扫描变化类型为 Linear,电阻的变化范围为 1~30Ω,增量为 1Ω,分析类型为直流工作点分析。

③ 选择负载功率为输出项,输出仿真分析结果,观察功率传输曲线。

实验五 一阶 RC 电路的仿真

一、实验目的

1. 掌握一阶 RC 电路的零输入响应、零状态响应。
2. 掌握有关微分电路和积分电路的概念。
3. 熟悉方波信号源、虚拟示波器的使用。

二、实验原理

一个简单的 RC 串联电路,利用信号发生器输出的方波来模拟阶跃激励信号,即利用方波的上升沿作为零状态响应的正阶跃激励信号;利用方波的下降沿作为零输入响应的负阶跃激励信号。只要选择方波的重复周期远大于电路的时间常数 τ,那么电路在这样的方波序列脉冲信号的激励下,它的响应就和直流电接通与断开的过渡过程是基本相同的。一阶 RC 电路的零输入响应和零状态响应分别按指数规律衰减和增长,其变化的快慢决定于电路的时间常数 τ。

在方波序列脉冲的重复激励下,当满足 $\tau = RC \ll \dfrac{T}{2}$($T$ 为方波脉冲的重复周期)时,且由 R 两端的电压作为响应输出,这就是一个微分电路。因为此时电路的输出信号电压与输入信号电压的微分成正比。利用微分电路可以将方波转变成尖脉冲。

若将图 4.45(a)中的 R 与 C 位置调换一下,如图 4.45(b)所示,由 C 两端的电压作为响应输出。当电路的参数满足 $\tau = RC \gg \dfrac{T}{2}$ 条件时,即称为积分电路。因为此时电路的输出信号电压与输入信号电压的积分成正比。利用积分电路可以将方波转变成三角波。

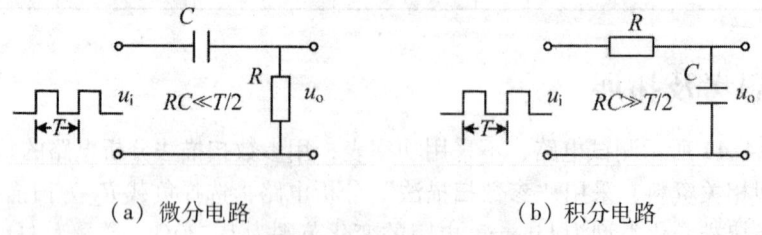

(a)微分电路 　　　　　　　　　(b)积分电路

图 4.45 微分电路和积分电路

三、实验内容

1. 零输入响应、零状态响应的观察

按照图 4.46 所示创建电路原理图,信号源激励 $V_{p-p} = 3\text{V}$,$f = 1000\text{Hz}$,$R = 10\text{k}\Omega$,$C = 6800\text{pF}$,使用虚拟示波器观察电容端输出并记录相应波形。

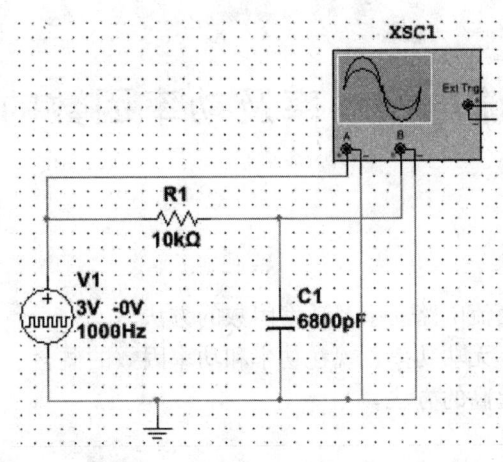

图 4.46　充放电波形观察

2. 积分波形、微分波形的观察

改变图 4.46 所示电路元件参数，令 $R=10\mathrm{k}\Omega$，$C=0.1\mathrm{\mu F}$，如图 4.47（a）所示，用虚拟示波器观察电容端输出的积分波形并记录。令 $R=1\mathrm{k}\Omega$，$C=0.1\mathrm{\mu F}$，如图 4.47（b）所示，用虚拟示波器观察电阻端输出的微分波形并记录。

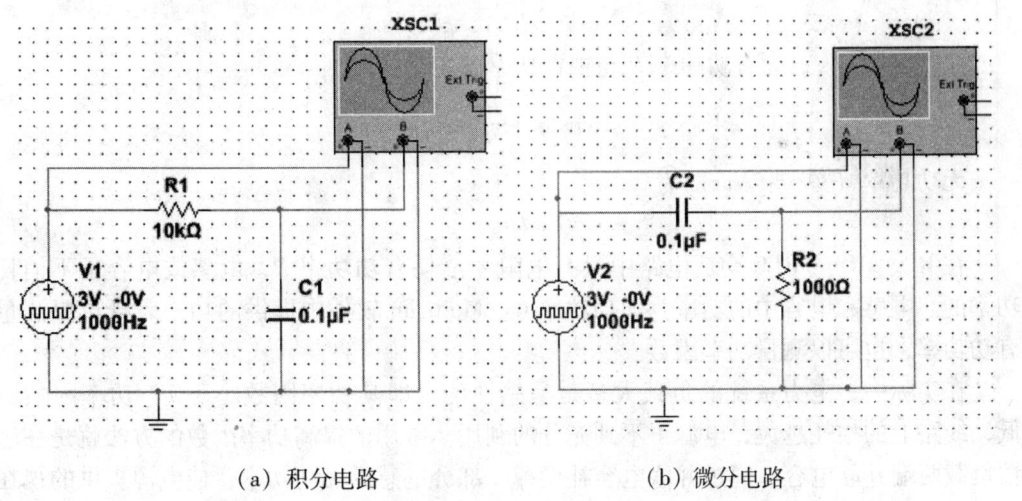

　　　（a）积分电路　　　　　　　　　　（b）微分电路

图 4.47　积分波形和微分波形的观察

四、思考及拓展

1. 除了利用示波器，还可以采用什么方法观察分析电路响应？
2. 设计并观察二阶动态电路的零输入响应。要求：

① 二阶电路包含两个储能元件 C 和 L，创建仿真电路原理图。

② 设计合适元件参数，以观察二阶电路的过阻尼、临界阻尼、欠阻尼情况。

③ 选择某一种方法观察电路响应，记录不同情况的放电波形。

实验六　交流电路功率及功率因数的测定与仿真

一、实验目的

1. 掌握仿真测量交流电路功率及功率因数的方法。
2. 理解有功功率、无功功率、视在功率和功率因数的概念。
3. 掌握功率因数提高的方法。

二、实验原理

工程上对交流电路常用电压表、电流表和功率表（或功率因数表）相配合测量电压 U、电流 I、有功功率 P 以及功率因数 $\cos\varphi$ 值。

视在功率（单位：VA）为

$$S = UI$$

有功功率（单位：W）为

$$P = UI\cos\varphi$$

功率因数 $\cos\varphi$ 为有功功率 P 与视在功率 S 之比：

$$\cos\varphi = \frac{P}{S} = \frac{P}{UI}$$

无功功率（单位：Var）为

$$Q = UI\sin\varphi$$

在 RL、RC 或 RLC 交流电路中只有电阻才消耗有功功率 P，电感或电容是不消耗功率的。电感和电容中的功率为无功功率 Q。Multisim 软件中提供的功率表既可以测量有功功率，也可以测量功率因数。

在实际中，电力系统的负载大多是呈感性的，即其功率因数小于 1。功率因数越低，线路上的损耗越大，电源得不到充分的利用。常用的提高功率因数的方法就是在感性负载两端并联电容，通过并联电容补偿掉一部分电感的无功功率，使电源提供的视在功率减小，而有功功率不变，从而使电路的功率因数增大。

三、实验内容

1. 测定电路的功率

在电路工作区建立如图 4.48 所示 RL、RC、RLC 电路。利用电压表、电流表、功率表测量电路功率及功率因数，可根据需要增加虚拟仪表，记录测量结果，计算电路的有功功率 P、视在功率 S、无功功率 Q 和功率因数 $\cos\varphi$，并填入表格 4.7 中。

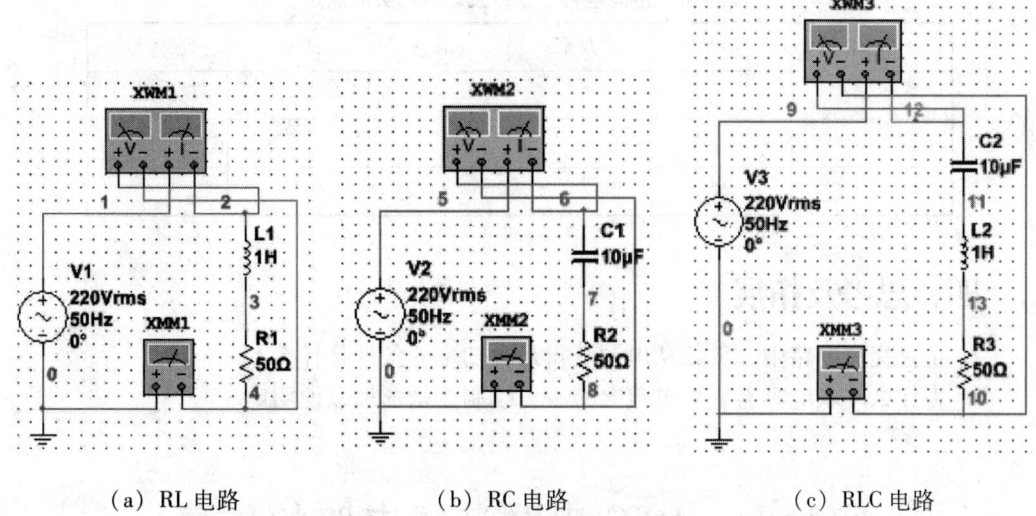

（a）RL 电路　　　　　　（b）RC 电路　　　　　　（c）RLC 电路

图 4.48　电路功率及功率因数的测试

表 4.7　功率与功率因数的测定

	U/V	I/A	$\cos \varphi$	P/W	S/VA	Q/Var
RL 电路						
RC 电路						
RLC 电路						

2. 功率因数的提高

将图 4.48（a）电路看做感性负载电路，在电路中并联一个可变电容，创建如图 4.49 所示电路，增加或减少并联电容，记录测量结果，计算电路功率及功率因数，填入表 4.8 中。

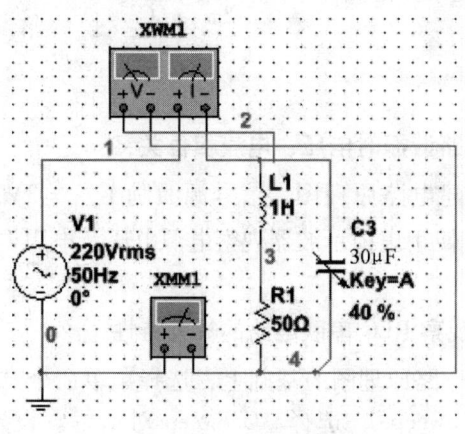

图 4.49　功率因数的提高

表4.8　不同电容下功率及功率因数的测定

$C/\mu F$	U/V	I/A	$\cos\varphi$	P/W	S/VA

四、思考及拓展

1. 正弦交流电路中，负载从电源获得最大功率的条件是什么？
2. 为什么并联电容器后总电流会减少？绘制相量图加以说明。

实验七　RLC 串联谐振电路的仿真

一、实验目的

1. 加深理解电路发生谐振的条件、特点。
2. 学习用交流分析法观察 R、L、C 串联电路的幅频特性。
3. 学习使用波特图仪观察 R、L、C 串联电路的幅频特性。

二、实验原理

R、L、C 组成串联电路，当元件参数不变而改变外加激励频率或者外加激励频率不变而改变电感或电容的参数时，使电路端口电压与电流同相位，电路呈纯电阻性质，则称电路发生串联谐振现象。谐振频率 $f_0 = \dfrac{1}{2\pi\sqrt{LC}}$。

三、实验内容

1. 观察 RLC 串联电路谐振时电压、电流相位关系

按照图 4.50 所示创建电路原理图，信号源激励 $V_{p-p} = 3V$，$f = 1000Hz$，$R = 1k\Omega$，$C = 0.01\mu F$，$L = 30mH$。使用虚拟示波器观察电源电压及电阻电压波形，总结谐振时电压、电流相位关系。

2. 采用交流分析法观察 RLC 串联电路的幅频特性

在创建图 4.50 所示电路原理图的基础上，选择菜单命令"Simulate"→"Analyses and Simulation"→"AC Sweep"，选择 AC Sweep 对话框。设定频率扫描分析参数如图 4.51 所示，频率段为 1Hz~20kHz、扫描形式为线性、显示点数为 1000 和纵轴尺度为线性。

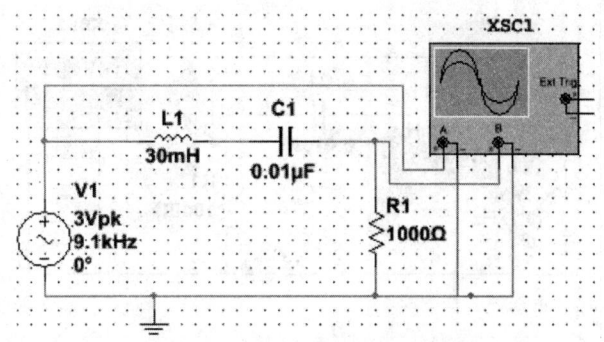

图 4.50　RLC 串联谐振电路 – 示波器观察

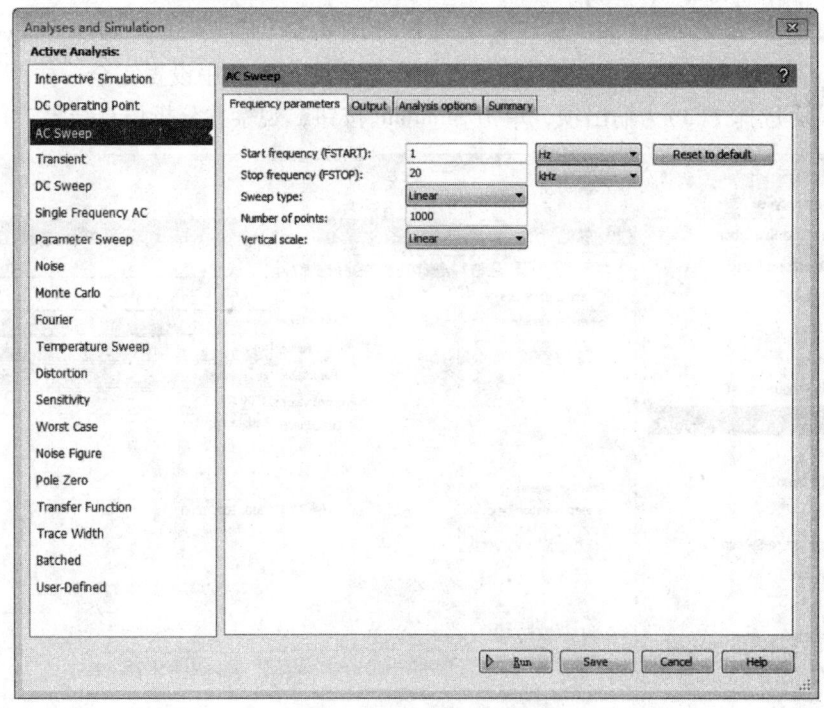

图 4.51　交流分析法参数设置界面

在"Output"选项卡下选择输出项为电压 V。

单击"Simulate"按钮，观察并记录分析结果。

3. 采用波特图仪观察 RLC 串联电路的幅频特性

将图 4.50 中的虚拟示波器换成波特图仪，如图 4.52 所示。适当调整波特图仪显示范围及参数，记录幅频特性观察结果。

四、思考及拓展

查阅相关资料，用"参数扫描法"观察不同 Q 值的幅频特性。

① 在图 4.50 电路原理图元件参数的基础上，确定分析的元件为 R。

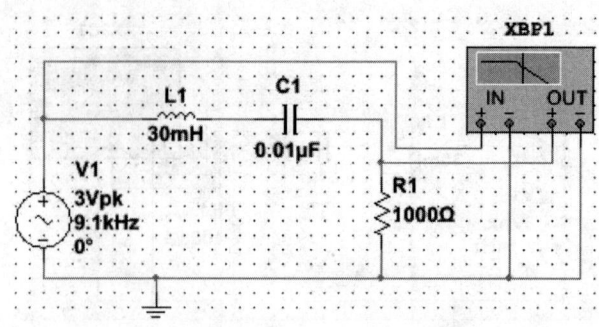

图 4.52　RLC 串联谐振电路 - 波特图仪观察

② 选择菜单命令"Simulate"→"Analyses and Simulation"→"Parameter Sweep",选择 Parameter Sweep 对话框,设置相关参数如图 4.53 所示,单击 Edit Analysis 按钮,进入交流分析参数设置对话框,参数设置与本节实验内容 2 中设置完全一样。

③ 最后选择 $V(3)$ 为输出项,单击 Simulate 按钮,观察并分析仿真结果。

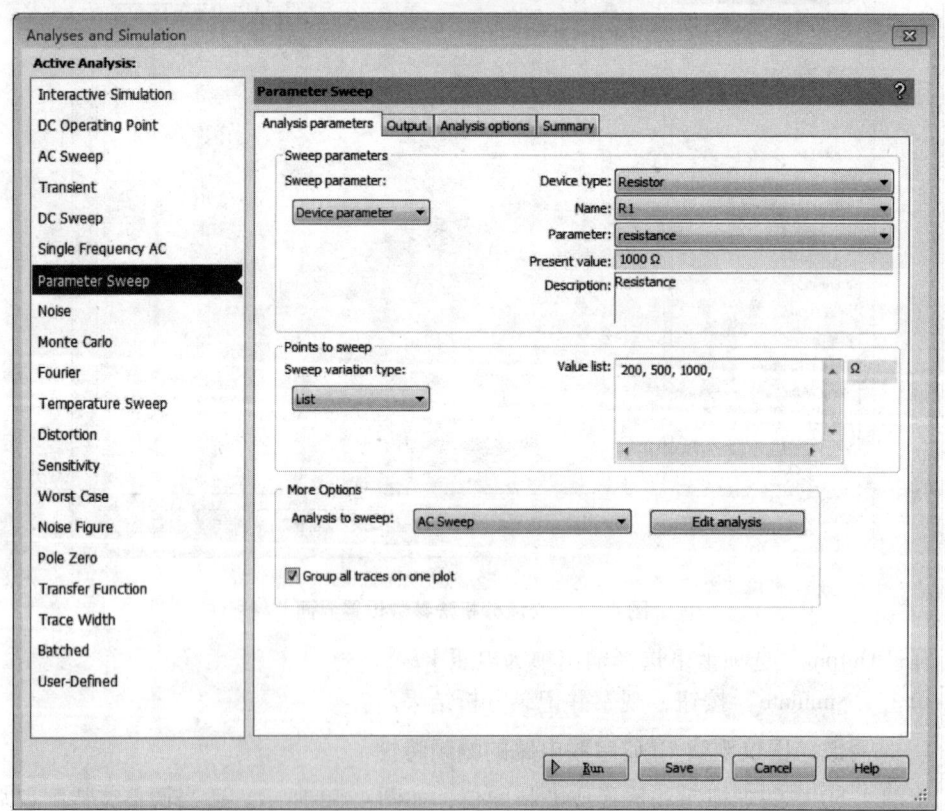

图 4.53　参数扫描设置界面

实验八 互感电路的仿真

一、实验目的

1. 加深理解自感、互感现象产生的原因。
2. 掌握理想变压器的特性。
3. 熟悉虚拟变压器的使用方法。

二、实验原理

由线圈回路自身电流变化引起的电磁感应现象称为自感现象。相邻两线圈，一个线圈的电流随时间变化导致穿过另一线圈的磁通量发生变化，这种载流线圈之间通过彼此的磁场相互联系的现象称为互感现象。

理想变压器是一种特殊的无损耗全耦合变压器，它是从实际变压器抽象出来的，其电路模型图如图 4.54 所示。

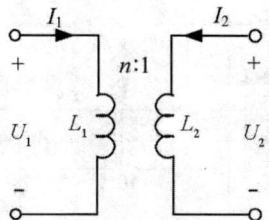

图 4.54 理想变压器电路模型

理想变压器可以用来变换电压、电流和阻抗，其关系为

$$\frac{U_1}{U_2} = \frac{N_1}{N_2} = n$$

$$\frac{I_1}{I_2} = \frac{N_2}{N_1} = \frac{1}{n}$$

$$\frac{Z_1}{Z_2} = \left(\frac{N_2}{N_1}\right)^2 = n^2$$

其中，N_1 为理想变压器的初级匝数，N_2 为理想变压器的次级匝数，n 为匝数比。根据理想变压器条件可得 $n = N_1/N_2 = \sqrt{L_1/L_2}$。

三、实验内容

1. 观察自感现象

在电路工作区建立如图 4.55 所示电路，观察开关闭合后，两个灯泡的发光情况，并分析产生现象的原因。

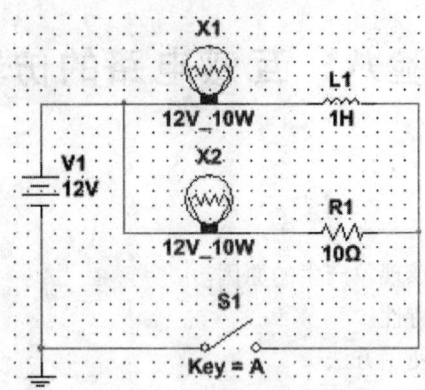

图4.55　参数扫描设置

2. 理想变压器的特性研究

在电路工作区建立如图4.56所示电路,图中变压器的匝数比为10∶1,初级线圈接220V、50Hz的交流电,次级线圈负载电阻R_L为10Ω。运行仿真记录初级电压U_1、初级电流I_1、次级电压U_2、次级电流I_2,并计算阻抗及功率;改变负载电阻R_L为1kΩ,重复上述测量及计算,将结果填入表4.9中,分析实验结果。

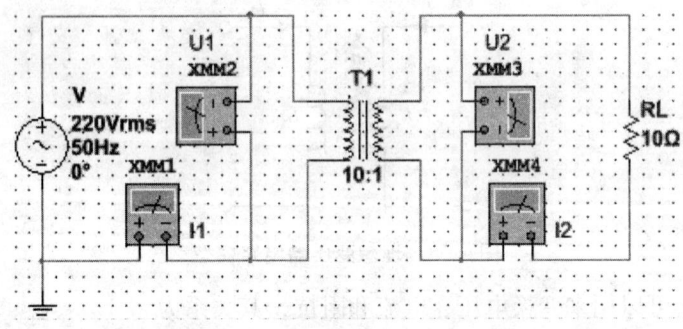

图4.56　理想变压器的特性测量

表4.9　理想变压器特性测量结果

R_L/Ω	U_1/V	I_1/A	U_2/V	I_2/A	Z_1/Ω	Z_2/Ω	P_1/W	P_2/W
10								
1000								

四、思考及拓展

变压器在日常生活及工业生产中的应用有哪些?

实验九 三相电路的仿真

一、实验目的

1. 掌握利用 Multisim 软件对三相电路进行仿真的方法。
2. 加深对三相电路不同连接方法特性的理解。
3. 提高分析、判断、查找电路故障的能力。

二、实验原理

三相电路是由三相电源和三相负载构成的。三相电源或三相负载在电路中都有两种连接方式,即星形和三角形。三相负载的星形接法和三角形接法分别如图 4.57（a）和 4.57（b）所示。三相负载完全相等的三相电路称为对称的三相电路,否则称为不对称的三相电路。

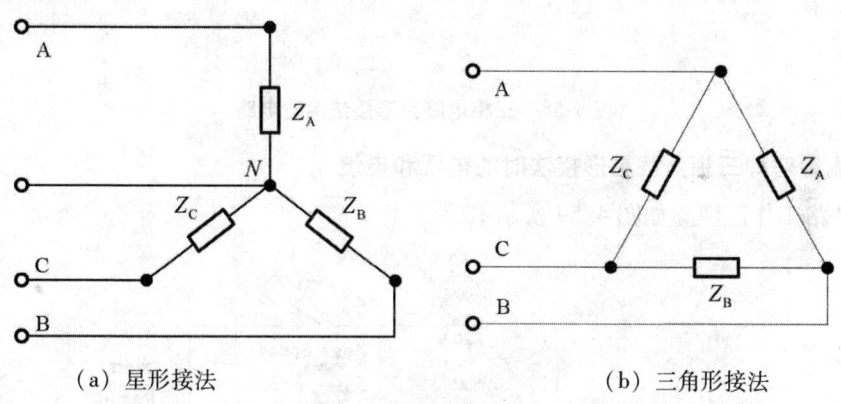

(a) 星形接法　　　　　　　　　　　(b) 三角形接法

图 4.57 三相负载的连接方式

在对称三相负载的星形接法中,线电压与相电压、线电流与相电流之间的关系可以表示为

$$U_l = \sqrt{3}U_p, \quad I_l = I_p$$

由于三相电流的对称性,此时中线上无电流,可以将中线取消,电路由三相四线制变为三相三线制。但是当负载不对称时,三相电流也将不再对称,中线电流不为零,若取消中线则会导致负载电压不等于电源相电压,有的可能高于电源电压,有的可能低于电源电压,从而无法正常工作。因此,不对称三相电路的星形接法中,中线的存在保证了每一相负载的端电压依然等于电源的相电压。

在对称三相负载的三角形接法中,线电压与相电压、线电流与相电流之间的关系可以表示为

$$U_l = U_p, \quad I_l = \sqrt{3}I_p$$

三、实验内容

1. 三相负载星形连接仿真电路的建立

在电路工作区建立如图 4.58 所示星形连接三相电路，观察并记录三相电源的波形。

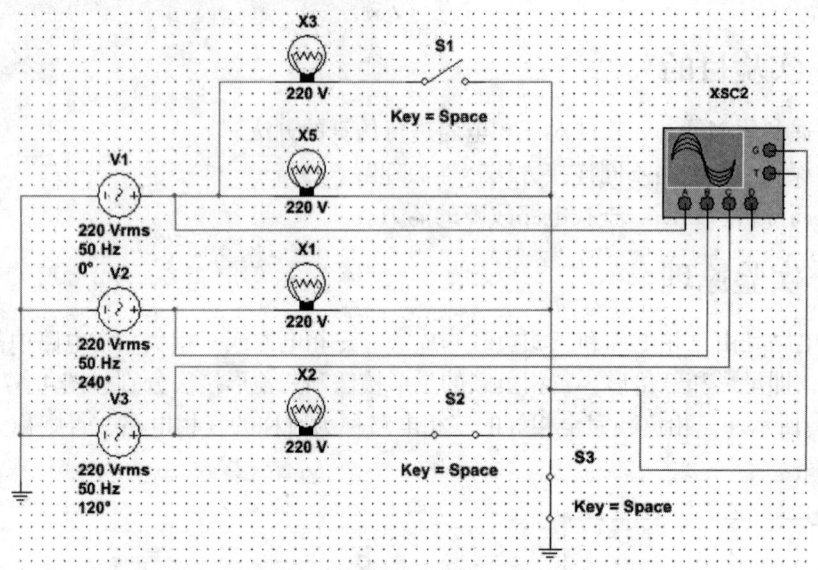

图 4.58　三相电路星形接法实验电路

2. 测量对称三相负载星形接法时的电压和电流

在电路工作区建立如图 4.59 所示电路。

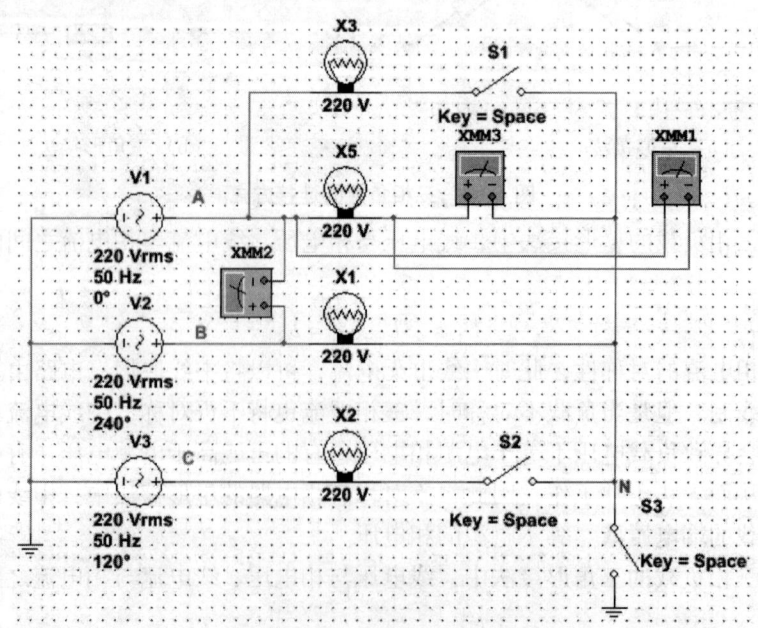

图 4.59　对称三相负载星形接法测量电路

① 关闭 S_2、S_3，断开 S_1，测量 U_{AN}、U_{AB} 和 I_{AN}，将结果填入表 4.10 中。
② 用同样的方法测量 U_{BN}、U_{CN}、U_{BC}、U_{CA}、I_{BN}、I_{CN} 和中线电流 $I_{N'N}$。
③ 断开 S_3，重复上述过程，将测量结果填入表 4.10 中。

表 4.10　对称三相负载星形接法测量结果

	线电压/V			相电压/V			相电流/A			$I_{N'N}$/A
	U_{AB}	U_{BC}	U_{CA}	U_{AN}	U_{BN}	U_{CN}	I_{AN}	I_{BN}	I_{CN}	
有中线										
无中线										

3. 测量不对称三相负载星形接法时的电压和电流

电路如图 4.59 所示，先闭合 S_1、S_2、S_3，测量三相负载不对称、有中线时电路中的电压和电流，然后断开 S_3，测量三相负载不对称、无中线时电路中的电压和电流，测量结果填入表 4.11 中。

表 4.11　不对称三相负载星形接法测量结果

	线电压/V			相电压/V			相电流/A			$I_{N'N}$/A
	U_{AB}	U_{BC}	U_{CA}	U_{AN}	U_{BN}	U_{CN}	I_{AN}	I_{BN}	I_{CN}	
有中线										
无中线										

四、思考及拓展

1. 根据所记录的三相电源的波形，分析三相电源的特点。
2. 综合表 4.10 和 4.11 所测数据，分析三相负载星形接法时电路的特点及中线的作用。
3. 自行设计实验并分析三相负载三角形接法时电路中各电压与电流的特点。

实验十　二端口网络参数测量与仿真

一、实验目的

1. 深入理解二端口网络各参数的定义与含义。
2. 掌握利用 Multisim 测量二端口网络参数的方法。

二、实验原理

由电路元件构成、对外有两个端口相连的电路称为二端口网络,如图 4.60 所示。二端口网络具有两个端口、四个变量,因此其特性方程共有六种,分别是 Z 参数方程、Y 参数方程、H 参数方程、G 参数方程、T 参数方程和 T' 参数方程。本次实验将以传输参数方程为例,研究二端口网络的参数测量方法。

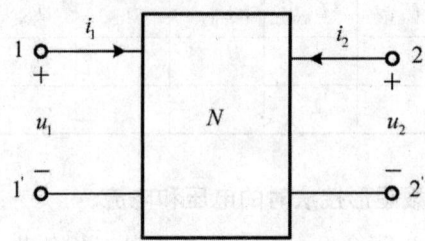

图 4.60 二端口网络电路模型

当激励为输出端口上的电压和电流,响应为输入端口上的电压和电流时,所形成的方程称为二端口网络的传输参数方程,写成矩阵的形式为

$$\begin{pmatrix} \dot{U}_1 \\ \dot{I}_1 \end{pmatrix} = \begin{pmatrix} A & B \\ C & D \end{pmatrix} \begin{pmatrix} \dot{U}_2 \\ -\dot{I}_2 \end{pmatrix} = T \begin{pmatrix} \dot{U}_2 \\ -\dot{I}_2 \end{pmatrix}$$

其中矩阵 T 称为传输参数矩阵。由上式可知

$$\begin{cases} A = \dfrac{\dot{U}_1}{\dot{U}_2} \Big|_{\dot{I}_2=0} & B = -\dfrac{\dot{U}_1}{\dot{I}_2} \Big|_{\dot{U}_2=0} \\ C = \dfrac{\dot{I}_1}{\dot{U}_2} \Big|_{\dot{I}_2=0} & D = -\dfrac{\dot{I}_1}{\dot{I}_2} \Big|_{\dot{U}_2=0} \end{cases}$$

因此传输参数可以通过实验进行测定。如在输入端加上一个电压源作为激励,测出输出端开路时的电压,二者的比值就是传输参数 A;若测出此时输出端口的短路电流,则二者的比值就是传输参数 B。同理,若在输入端加上一个电流源作为激励,分别测出输出端的开路电压和短路电流,就可以求出另外两个传输参数 C 和 D。

两个二端口网络在电路中的连接方式有级联、串联、并联、串并联等。级联就是将一个二端口网络 N_a 的输出端和另一个二端口网络 N_b 的输入端连接在一起,如图 4.61 所示。

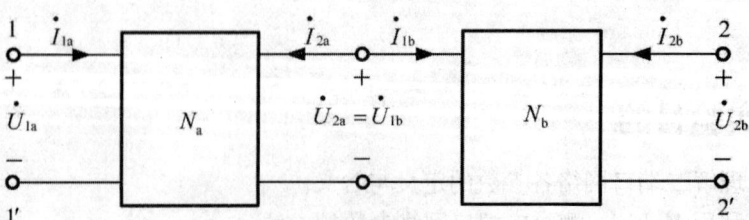

图 4.61 二端口网络的级联

级联后的二端口网络的传输参数矩阵与原二端口网络的传输参数矩阵之间的关系为
$$T = T_a T_b$$

三、实验内容

1. 分别测量二端口网络 Ⅰ、Ⅱ 的 T 参数

被测二端口网络分别如图 4.62 所示。

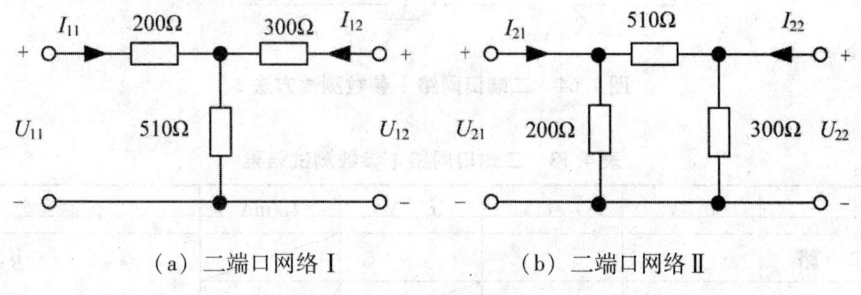

(a) 二端口网络 Ⅰ　　　　　　(b) 二端口网络 Ⅱ

图 4.62　待测实验电路

① 在电路工作区建立如图 4.63 所示电路，设置电压源电压为 1V，测量并记录端口 2 的开路电压以及流经端口 1 的电流，将结果记录入表 4.12 中。

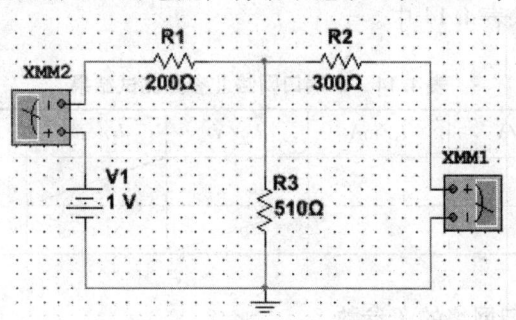

图 4.63　二端口网络 Ⅰ 参数测试方法 1

表 4.12　二端口网络 Ⅰ 参数测试结果

	U_1/V	I_1/mA	U_2/V	I_2/mA	传输参数	
端口 2 开路					$A =$	$B =$
端口 2 短路					$C =$	$D =$

② 在电路工作区建立如图 4.64 所示电路，设置电流源电流为 1A，测量并记录端口 2 的短路电流以及端口 1 的电压，将结果记录入表 4.13 中。

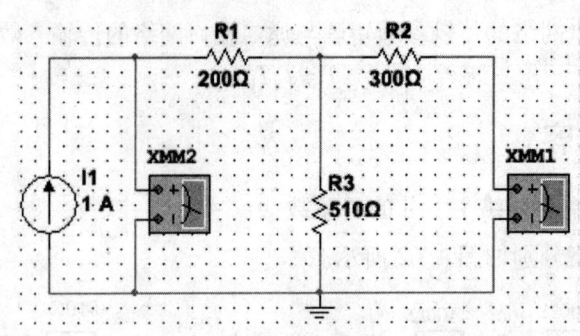

图 4.64　二端口网络 I 参数测试方法 2

表 4.13　二端口网络 I 参数测试结果

	U_1/V	I_1/mA	U_2/V	I_2/mA	传输参数	
端口 2 开路					$A =$	$B =$
端口 2 短路					$C =$	$D =$

③ 在电路工作区建立二端口网络二仿真电路,用同样的方法测出该二端口网络的 T 参数,将结果记录入表 4.14 中。

表 4.14　二端口网络 II 参数测试结果

	U_1/V	I_1/mA	U_2/V	I_2/mA	传输参数	
端口 2 开路					$A =$	$B =$
端口 2 短路					$C =$	$D =$

2. 测量级联二端口网络的 T 参数

① 在电路工作区建立如图 4.65 所示级联后的二端口网络仿真电路,测出该二端口网络的 T 参数,将结果记录入表 4.15 中。

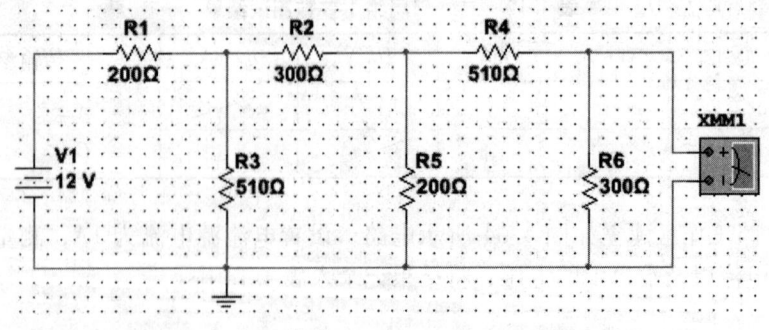

图 4.65　级联后的二端口网络参数测试电路

表 4.15　级联后二端口网络参数测试结果

	U_1/V	I_1/mA	U_2/V	I_2/mA	传输参数	
端口 2 开路					$A =$	$B =$
端口 2 短路					$C =$	$D =$

②验证级联后的二端口网络传输参数与原两个二端口网络参数之间的关系。

四、思考及拓展

1. 将仿真实验中的测量结果与第三章实验十六中的实际测量结果进行比较并分析。
2. 二端口网络的 T 参数是否有其他的测量方法？如果有，简单叙述测量思路。

第五章 电工综合性实验

本章包括简易万用表的设计组装、电工元件参数的测量、阻抗变换电路的设计、等效忆阻器的设计与实现等内容的 8 个实验项目。项目的选取遵循对基础课程的基础理论和知识的综合应用同时具备一定的研究探索性和创新性要求,在第三章基础实验的基础上进一步激发学生的创新潜能,提高学生在实践中学习的能力。大部分项目有一定的综合性和难度,但学生通过查阅资料和实践操作,都可以完成全部或部分设计要求。针对不同层次学生的需求,可以选取其中的一个或几个项目开展综合设计。

实验一 简易万用表的设计组装

一、项目背景

万用表是常用的测量工具,是一种多功能、多量程的便携式测量仪表,主要用来测量电路中的各种电参量(如电压、电流等)和元件参数(如电阻、电容、三极管的电流放大倍数等)。根据显示方式的不同,万用表又分为模拟(指针式)万用表和数字万用表。本次实验主要是基于微安表表头和电阻、二极管等元件进行的简易万用表设计。设计分步骤进行,最后通过联调、组装的方式来完成。

二、实验目的

1. 了解万用表的结构及其工作原理。
2. 掌握多量程万用表的设计与制作方法。
3. 学会校准电表。

三、设计要求及提示

1. 指针式直流电压表的设计

要求:设计一个指针式直流电压表,量程分为 100mV、1V、10V、100V 四挡。

提示:采用微安表的表头作为指示,参考电路如图 5.1 所示。

假设微安表表头的内阻为 R_s,满量程电流为 I_s,则电阻 R_1、R_2、R_3、R_4 可以按如下的方式选择:

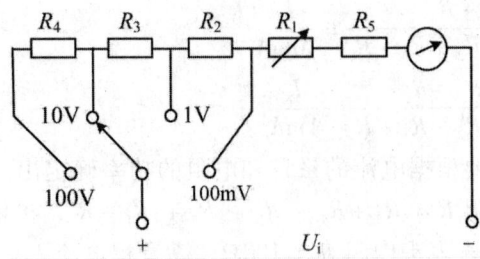

图 5.1　指针式直流电压测量电路

(1) $R_1 + R_s = \dfrac{0.1\text{V}}{I_s}$

(2) $R_2 + R_1 + R_s = \dfrac{1\text{V}}{I_s}$

(3) $R_3 + R_2 + R_1 + R_s = \dfrac{10\text{V}}{I_s}$

(4) $R_4 + R_3 + R_2 + R_1 + R_s = \dfrac{100\text{V}}{I_s}$

例如，假设微安表表头内阻 $R_s = 100\Omega$，满量程电流 $I_s = 100\mu\text{A}$，则可计算得出 $R_1 = 900\Omega$，$R_2 = 9\text{k}\Omega$，$R_3 = 90\text{k}\Omega$，$R_4 = 900\text{k}\Omega$。当微安表表头内阻 R_s 不能准确确定时，可以将电阻 R_1 用电位器来调节，使输入为满量程时微安表表头正好达到满刻度。

2. 指针式直流电流表的设计

要求：设计一个指针式直流电流表，量程分为 1mA、10mA、100mA、1A 四挡。

提示：采用微安表的表头作为指示，参考电路如图 5.2 所示。

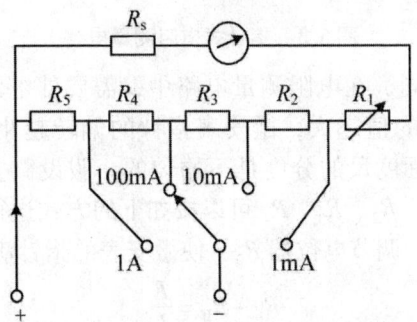

图 5.2　指针式直流电流测量电路

假设微安表表头的内阻为 R_s，满量程电流为 I_s，则电阻 R_1、R_2、R_3、R_4、R_5 可以按如下的方式选择：

(1) $\dfrac{R_5}{R_5 + R_4 + R_3 + R_2 + R_1 + R_s} = \dfrac{I_s}{1\text{A}}$

(2) $\dfrac{R_5 + R_4}{R_5 + R_4 + R_3 + R_2 + R_1 + R_s} = \dfrac{I_s}{100\text{mA}}$

(3) $\dfrac{R_5+R_4+R_3}{R_5+R_4+R_3+R_2+R_1+R_s}=\dfrac{I_s}{10\mathrm{mA}}$

(4) $\dfrac{R_5+R_4+R_3+R_2}{R_5+R_4+R_3+R_2+R_1+R_s}=\dfrac{I_s}{1\mathrm{mA}}$

在选择电阻时，先要根据电流的量程和电阻的功率确定出最小的电阻 R_5，然后确定出测量电路中的总电阻 $R=R_5+R_4+R_3+R_2+R_1+R_s$，再依次计算出 R_4、R_3、R_2 和 R_1。例如，假设微安表表头内阻 $R_s=100\Omega$，满量程电流 $I_s=100\mu\mathrm{A}$，电阻的功率为 2W，则可确定出 $R_5=1\Omega$，总电阻 $R=10\mathrm{k}\Omega$，$R_4=9\Omega$，$R_3=90\Omega$，$R_2=900\Omega$，$R_1=8.9\mathrm{k}\Omega$。当微安表表头内阻 R_s 不能准确确定时，可以将电阻 R_1 用电位器来调节，使输入为满量程时微安表表头正好达到满刻度。

3. 指针式欧姆表的设计

要求：设计一个指针式欧姆表，量程分为 $1\mathrm{k}\Omega$、$10\mathrm{k}\Omega$、$100\mathrm{k}\Omega$、$1\mathrm{M}\Omega$ 四挡。

提示：采用微安表的表头作为指示，参考电路如图 5.3 所示。

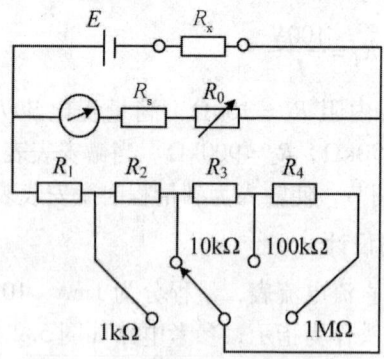

图 5.3 指针式电阻测量电路

与电压表和电流表不同，在电阻测量电路中，需要外电源供电（电池或直流稳压电源），并且被测电阻 R_x 的值越大，微安表指针的偏转越小，即电阻的刻度与电流、电压的刻度方向相反，且标度尺的分度是不均匀的。假设微安表表头的内阻为 R_s，满量程电流为 I_s，则电阻 R_1、R_2、R_3、R_4 可以按如下的方式进行设计。

当被测电阻 $R_x=0$ 时，调节电位器 R_0，使微安表的指针满偏，即

$$R_s+R_0=\dfrac{E}{I_s}$$

当被测电阻 $R_x>0$ 时，如果希望 R_x 在达到量程的最大值时流过微安表的电流为 $0.01I_s$，则有如下的关系式成立：

$$R_x\cdot\left(\dfrac{0.01E}{R}+0.01I_s\right)+0.01I_s=0.99E$$

$$R=\dfrac{0.01ER_x}{0.99E-0.01R_xI_s}$$

式中 R 为不同量程下的并联电阻。

例如，假设微安表表头内阻 $R_s=100\Omega$，满量程电流 $I_s=100\mu\mathrm{A}$，$E=10\mathrm{V}$。当欧姆

表量程选择为 1kΩ 时，可计算得出 $R=R_1\approx 10Ω$；当欧姆表量程选择为 10kΩ 时，可计算得出 $R=R_1+R_2\approx 101Ω$，从而可得 $R_2\approx 91Ω$；当欧姆表量程选择为 100kΩ 时，可计算得出 $R=R_1+R_2+R_3\approx 1020Ω$，从而可得 $R_3\approx 919Ω$；当欧姆表量程选择为 1MΩ 时，可计算得出 $R=R_1+R_2+R_3+R_4\approx 11236Ω$，从而可得 $R_4\approx 10.2$kΩ。注意在每一次切换量程时，都要在被测电阻 $R_x=0$ 时，调节电位器 R_0，使微安表的指针满偏。

四、实验报告要求

1. 设计出多量程电流表的电路图并校准，测量其主要参数，并写出实验步骤。
2. 设计出多量程电压表的电路图，测量其主要参数，并写出实验步骤。
3. 根据设计提示设计出简易万用表的总体实验电路图。
4. 根据设计的实验电路图，验证万用表为电流表、电压表和欧姆表时的实际参数，并设计表格填入测量数据，写出实验步骤。

五、思考题

1. 用万用表测量电阻值时，表盘上的刻度线不是均匀刻度，为什么？
2. 使用万用表的欧姆挡时，首先要完成什么步骤？为什么？
3. 在电气测量中，理想情况下，电表的接入应不影响被测电路的原工作状态，这就要求电压表的内阻为无穷大，电流表的内阻为零。实际上，万用表表头的可动线圈总有一定的电阻，用它进行测量时将会对被测量产生影响，引起误差。如果在万用表中使用运算放大器，是否能减小这些误差？如果能，该如何设计？

实验二 电工元件参数的测量

一、项目背景

常用的电工元件包括电阻、电容、电感、变压器等，电阻的参数可以通过万用表的欧姆挡进行测量，也可以采用电桥法进行测量，若采用电桥法进行测量可以得到更高的精度。作为电路中的动态元件，电容和电感参数的测量方法有多种：交流电桥法、RLC串联谐振法、电压法、时间常数法等。至于变压器的参数，除了初级线圈和次级线圈的自感外，还包括两个线圈之间的互感，需要采用专门的设备进行测量。

二、实验目的

1. 掌握电工元件参数的测量方法。
2. 加深对正弦交流电路中基本概念的理解。
3. 培养综合应用理论知识自主进行电路设计的能力。
4. 熟练使用电工仪器仪表。

三、设计要求及提示

1. 设计要求

试用不同的实验方法,测量一个未知电工元件(电阻、电容、电感)的参数值,通过实验比较,分析产生误差的原因。

① 用不同方法测量一个未知电阻的电阻值 R,并分析比较产生误差的原因。

② 用不同方法测量一个未知电感的电感值 L 和内阻 r,分析比较各种测量方法的特点。

③ 用不同方法测量一个未知电容的电容值 C,分析比较不同测量方法的特点。

2. 提示

(1) 电桥法

① 电阻的测量

测量电阻最常用的是单臂直流电桥(惠斯登电桥),主要用来测量中值电阻(约 1Ω 到 $0.1\mathrm{M}\Omega$),其电路如图 5.4 所示。当检流计 G 中无电流通过时,电桥达到平衡。因此电桥平衡的条件为

$$R_1 R_4 = R_2 R_3$$

设 $R_1 = R_x$ 为被测电阻,则

$$R_x = \frac{R_2}{R_4} R_3$$

式中 $\dfrac{R_2}{R_4}$ 称为电桥的比臂,R_3 称为较臂。测量时先将比臂调到一定比值,而后再调节较臂,直到电桥平衡为止。

电桥也可以在不平衡的情况下测量:先将电桥调节到平衡,当 R_x 有所变化时,电桥的平衡被破坏,检流计中流过电流,这电流与 R_x 有一定的函数关系,因此可以直接读出被测电阻值或引起电阻发生变化的某种非电量值的大小。不平衡电桥一般用在非电量的检测技术中。

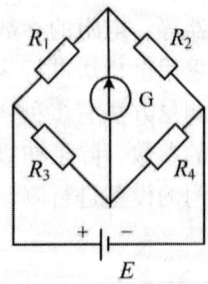 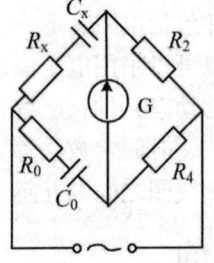

图 5.4　单臂直流电桥　　　图 5.5　测量电容的交流电桥

② 电容的测量

测量电容需要采用交流电桥,如图 5.5 所示,电阻 R_2 和 R_4 作为两臂,被测电容器

(C_x, R_x) 作为一臂，无损耗的标准电容器（C_0）和标准电阻（R_0）串联后作为另一臂。

电桥平衡的条件为

$$\left(R_x - j\frac{1}{\omega C_x}\right)R_4 = \left(R_0 - j\frac{1}{\omega C_0}\right)R_2$$

由此可得

$$\begin{cases} R_x = \dfrac{R_2}{R_4}R_0 \\ C_x = \dfrac{R_4}{R_2}C_0 \end{cases}$$

为了要满足上式的平衡关系，必须反复调节 $\dfrac{R_2}{R_4}$ 和 R_0（或 C_0）直到平衡为止。

③ 电感的测量

在如图 5.6 所示的交流电桥中，r 和 L 是被测电感元件的电阻和电感，u_i 为低频正弦信号，电桥的平衡条件为

$$\frac{R_1}{r + j\omega L} = \frac{\dfrac{R_3}{1 + j\omega R_3 C}}{R_2}$$

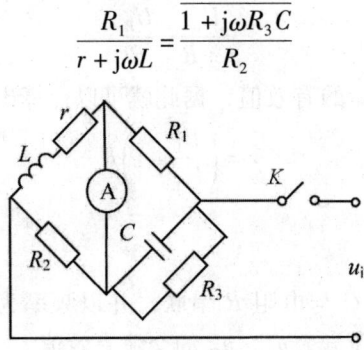

图 5.6　测量电感的电路图

该条件也可改写为：

$$R_1 R_2 + j\omega R_1 R_2 R_3 C = R_3 r + j\omega R_3 L$$

用电阻箱和电容箱分别仔细调节电阻 R_3 和电容 C 使交流电流表 A 的读数为 0（电桥达到平衡），根据复数相等的条件可得出：

$$r = R_1 R_2 / R_3$$
$$L = R_1 R_2 C$$

(2) RLC 串联谐振法

RLC 串联谐振电路如图 5.7 所示，将电阻 R、电感 L（内阻为 r）、电容 C 串联，并以正弦信号 u_i 作为激励。正弦信号的幅度固定不变，而频率 f 可调。当电阻 R 上的压降 u_R 与输入信号 u_i 同相时，表明电路发生了谐振。

图 5.8 为发生谐振时该电路的相量图。

由于电路的谐振频率为

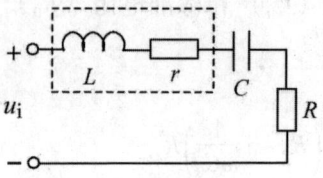   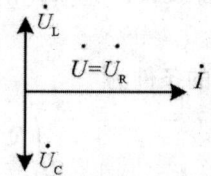

图 5.7　RLC 串联谐振电路　　图 5.8　RLC 串联谐振电路的相量图

$$f = \frac{1}{2\pi\sqrt{LC}}$$

因此在测量出谐振频率 f 后，如果被测对象是电容 C，其参数就可以根据下式计算得出

$$C = \frac{1}{4\pi^2 f^2 L}$$

如果被测对象是电感 L，其参数可以根据下式计算得出

$$L = \frac{1}{4\pi^2 f^2 C}$$

同时在谐振时有如下关系式成立

$$\frac{U_i}{r+R} = \frac{U_R}{R}$$

式中 U_i、U_R 分别代表 u_i、u_R 的有效值，据此就可以计算出电感的内阻值 r。

$$r = \left(\frac{U_i}{U_R} - 1\right)R$$

（3）电压法

① 电容的测量

如图 5.9 所示，将电容 C 与电阻 R 串联，并以频率为 f 的正弦信号 u_i 作为激励，用交流毫伏表分别测量出电压 u_i、u_C、u_R 的交流有效值 U_i、U_C、U_R 中的任意两个，即可计算出电容 C。注意，在测量电容两端的电压时，需要把图中的电阻 R 和电容 C 互换位置，保证交流毫伏表（或示波器）的负端与信号源的负端共地。

该电路的相量图如图 5.10 所示。

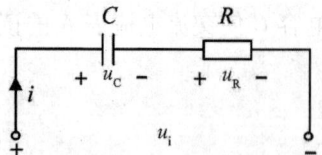   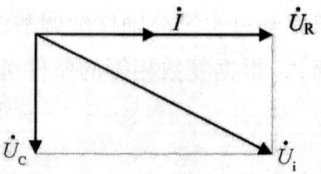

图 5.9　用电压法测量电容参数的电路　　图 5.10　用电压法测量电容参数的相量图

由于流过电容 C 和电阻 R 的电流相同，因此有

$$\frac{U_i}{\sqrt{R^2 + \left(\frac{1}{\omega C}\right)^2}} = \frac{U_R}{R} = \frac{U_C}{\frac{1}{\omega C}} = 2\pi f C U_C$$

从而有

$$C = \frac{U_R}{2\pi f R U_C} = \frac{U_R}{2\pi f R \sqrt{U_i^2 - U_R^2}}$$

② 电感的测量

用电压法测量电感参数的电路如图 5.11 所示,将被测电感与电阻 R 串联,并以频率为 f 的正弦信号 u_i 作为激励,分别测量出电压 u_i、u_{Lr}、u_R 的交流有效值 U_i、U_{Lr}、U_R,即可计算出电感值 L 和内阻 r。请注意,在测量电感两端的电压 u_{Lr} 时,需要把图 5.11 中的电阻和电感互换位置,保证交流毫伏表(或示波器)的负端与信号源的负端共地。

该电路的相量图如图 5.12 所示。

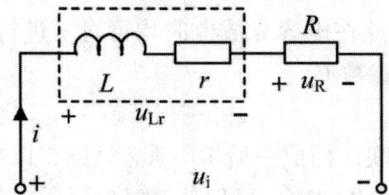
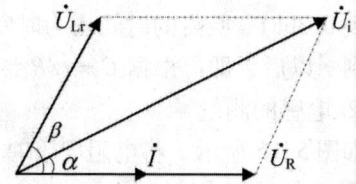

图 5.11 用电压法测量电感参数的电路　　图 5.12 用电压法测量电感参数的相量图

从图 5.12 可以看出,若设 $\dot{U}_i$ 与 $\dot{U}_R$ 的夹角为 α,$\dot{U}_{Lr}$ 与 $\dot{U}_R$ 的夹角为 β,则有

$$U_i \sin\alpha = U_{Lr} \sin\beta$$
$$U_i \cos\alpha = U_R + U_{Lr} \cos\beta$$

因为

$$\tan\alpha = \frac{\omega L}{R + r}$$

$$\tan\beta = \frac{\omega L}{r}$$

从而可计算得出

$$r = R \cdot \frac{U_i^2 - U_{Lr}^2 - U_R^2}{2U_R^2}$$

$$L = \frac{\sqrt{R^2 U_{Lr}^2 - r^2 U_R^2}}{2\pi f U_R} = \frac{R \sqrt{4 U_R^2 U_{Lr}^2 - (U_i^2 - U_{Lr}^2 - U_R^2)^2}}{4\pi U_R^2 f}$$

(4) 时间常数法

① 电容的测量

如图 5.13 所示,将电阻 R 和被测电容 C 串联,构成一阶 RC 动态电路,以幅度为 U_S 的脉冲信号作为输入信号 u_i,合理地选择电阻 R 的值,用示波器观察 u_C 的波形,使电容 C 两端的电压 u_C 如图 5.14 所示。

一阶 RC 电路的零状态响应可表示为 $u_C(t) = U_S(1 - e^{-\frac{t}{\tau}})$,当 $t = \tau$ 时,有 $u_C(\tau) = (1 - e^{-1})U_S = 0.632 U_S$。

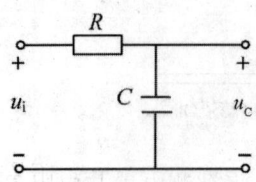
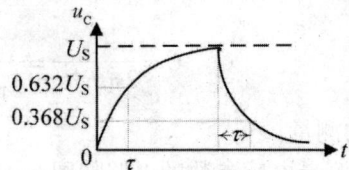

图 5.13　一阶 RC 动态电路　　图 5.14　利用电容的充放电波形测量时间常数 τ

一阶 RC 电路的零输入响应可表示为 $u_C(t) = U_S e^{-\frac{t}{\tau}}$，当 $t = \tau$ 时，有 $u_C(\tau) = e^{-1} U_S = 0.368 U_S$。

式中的时间常数 $\tau = RC$。

从图 5.14 可以看出，电容两端的电压 u_C 由 0 上升到 $0.632 U_S$ 所需的时间以及从 U_S 下降到 $0.368 U_S$ 所需的时间均为时间常数 τ，因此在电容充放电时均可对 τ 进行测量。在得到 τ 以后，即可根据 $C = \tau/R$ 计算出电容的参数 C。

② 电感的测量

如图 5.15 所示，将电阻 R 和被测电感 L 串联，构成一阶 RL 动态电路，以幅度为 U_S 的脉冲信号作为输入信号 u_i。合理地选择电阻 R 的值，可以使流过电感的电流波形与图 5.14 中 u_C 的波形类似，而电阻两端的电压 u_R 与流过电感的电流成正比，因此利用示波器观察 u_R 的波形，就可以测量出电路的时间常数 τ。

由于一阶 RL 动态电路的时间常数 $\tau = L/R$，因此根据 $L = R\tau$ 就可以计算出电感的参数 L。

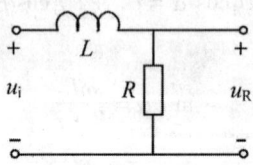

图 5.15　一阶 RL 动态电路

四、实验报告要求

1. 需要有设计思路、设计方法和测试结果。
2. 对应不同测试方法画出原理图，并在图中标示各元件的标称值。
3. 详细记录实验数据，并经过分析和计算得到所测元件的参数。
4. 了解不同测量方法的特点，分析产生误差的原因。

五、思考题

1. 在参数设计时电阻 R 值多大为适宜？
2. 对于不同的被测电感元件，随着电感值 L 的增加，其内阻是更大还是更小？
3. 如果用交流电桥来测量未知电容，电路应该怎样设计？
4. 比较实验中几种测量方法的结果哪个更为精确，分析各种测量方法的优缺点。

实验三　阻抗变换电路的设计

一、项目背景

阻抗匹配是无线电技术中常见的一种工作状态，它反映了输入电路和输出电路之间的功率传输关系。当电路实现阻抗匹配时，将获得最大的功率传输，反之，当电路阻抗失配时，不但得不到最大的功率传输，还可能对电路产生损害。在设计无线电传输系统时，常会遇到负载阻抗与信号源电路所需的负载阻抗不相称的情形，如果将它们直接连在一起，会由于连接端口间不匹配，系统得不到最大功率的输出。为此需要设计一个双口网络接在信号源与负载之间，把实际的负载阻抗转换为信号源电路所需要的负载阻抗，从而获得阻抗匹配，这种阻抗变换电路常称为阻抗匹配电路。为了不消耗信号的功率，阻抗匹配电路通常由电抗元件组成。

二、实验目的

1. 深入理解二端口电路的特性。
2. 了解阻抗匹配理论知识。
3. 掌握阻抗变换电路的设计和测量方法。

三、设计要求及提示

使用无源元件设计一个工作于 10MHz 附近的阻抗变换电路（二端口电路），如图 5.16 所示，使其具备较好的阻抗变换特性，具体要求如下：

1. 左右两端的匹配阻抗分别为 300Ω 和 50Ω，误差不超过 5%。即 R_2 为 50Ω 时，从端口 1 向右看到的等效阻抗和 300Ω 相差不到 5%；当 R_1 为 300Ω 时，从端口 2 向左看到的等效阻抗和 50Ω 相差不到 5%。

2. 当使用额定电阻 R_1 或者 R_2 时，功率的传输损失不超过 25%。这一要求对两个传递方向都要满足。阻抗转换关系和传输损失要求在 10MHz 频点附近都满足。设计中应使满足上述条件的频带范围尽量大。

3. 允许使用的元件仅为 R、L、C，但元件数量和数值不限。

图 5.16　阻抗变换电路

四、实验报告要求

提交的设计报告中需要有设计思路、方法、过程和结果,以及仿真文档(说明所使用的仿真软件版本),其中结果部分包括:
1. 阻抗变换电路的原理图。
2. 等效阻抗和传输效率随频率变化的曲线(两个方向)。
3. 测量同时满足上述条件 1 和 2 的最高和最低频率。

五、思考题

1. 什么是负载反射?有哪些办法可以消除负载反射?
2. 根据理论分析及实验数据说明电路对信号的选择特性。
3. 如果电路其他参数不变,电阻 R 变大或变小对输出功率的频率特性曲线有何影响?能得出什么结论?

实验四 等效忆阻器的设计与实现

一、项目背景

忆阻器被认为是除电阻、电感、电容外的第四种基本电路元件。忆阻器和电阻的量纲相同,但是它的电阻值会随着流经的电荷量而发生改变,因而具有不同于普通电阻的非线性电学性能,是一种有记忆功能的非线性电阻。忆阻器在电流断开时,仍能记忆之前通过的电荷量,从而保持之前的阻值状态,因而具有记忆功能。目前,忆阻器原理及其应用是国际电路学研究的热点和前沿问题之一。忆阻器的出现将可能从根本上改变传统电路格局,具有"引发电路革命"的潜质。

早在 1971 年,美国加州大学的蔡少棠教授就预测了忆阻器的存在,2008 年惠普科研小组第一次给出了忆阻器的实物模型,证实了忆阻器的存在。作为第四种基本电路元件,忆阻器有着不同于其他三种传统电路元件的独特性能,它的成功研制将推动整个电路理论的变革。其纳米级的尺寸、出色的存储能力、低功耗、高耐久性的特点使其在非易失性存储器、大规模集成电路和人工神经网络等方面具有非常大的应用潜能。忆阻器作为一种新型的电路元件,目前尚处于研究阶段,对忆阻器的研究主要依赖于计算机辅助电路分析软件。

二、实验目的

1. 了解忆阻器的提出过程和分析研究的方法。
2. 根据忆阻器的特性,进行非线性建模,对仿真结果进行分析。
3. 了解利用常规元件近似实现忆阻器功能的方法。

4. 学习了解忆阻器的记忆特性在实际应用中将产生的特殊效果及其应用前景。

三、设计要求及提示

1. 设计要求

① 利用常规元器件设计一个二端网络，使其可以具有一定忆阻器的作用。
② 对于忆阻器函数特性没有要求，但该特性应该显著不同于普通电阻。
③ 该等效电路可以只在一定范围内、一定初始条件下体现出忆阻特性。
④ 常规元器件可以取自电阻、电容、变压器、运算放大器、三极管、场效应管，型号、数值不限。

2. 扩展设计要求

① 利用实验室的常规元器件、自行购买的其他所需元器件完成所设计的电路。
② 自行设计测量方案，对设计电路进行测量，记录其伏安特性等相关特性，验证该电路的忆阻特性。
③ 在设计报告中补充说明实验部分内容。

3. 提示

在电学领域中，有四个基本的组成元素，它们分别是电压 u，电流 i，电荷 q，磁链 ψ，它们构成了 $d\psi = udt$，$dq = idt$，$du = rdi$，$dq = Cdu$，$d\psi = Ldi$，$d\psi = mdq$ 六种关系，忆阻器是建立在电荷 q 与磁链 ψ 的基础上。

① 忆阻器的特性可以简写为

$$u(t) = m(x)i(t)$$

其中 $m(x)$ 的自变量 x，既可以是流过该电路的电流 $i(t)$ 的积分量（即电荷量，故可认为忆阻器是一种电荷量控制瞬时电阻的器件），也可以认为是该电路两端电压 $u(t)$ 的积分量（即磁通量，故可以认为忆阻器是一种磁通量控制瞬时电阻的器件），这就是所谓的忆阻特性。

② 忆阻器理论的奠基人是美国加州大学的蔡少棠教授，其原书《Memristor：The Missing Circuit Element》中给出了较复杂的设计案例。如果允许采用一定的近似，且不限定所需实现的忆阻特性，则设计方案可以大大简化，可以采用的近似包括：忽略串联的两个电阻中明显较小的一个；忽略电路中不太明显的非线性现象等。

③ 利用运放构造出近似的电压跟随器或者电流跟随器之后，忆阻器的设计就可以比较容易完成。

四、实验报告要求

1. 认真查阅相关资料，了解忆阻器的分析仿真方法。
2. 在设计报告中说明设计思路和设计的结果（电路图、元件参数等）。
3. 分析所设计等效电路的忆阻特性（允许有一定的近似）。该特性可以是理论公式推导出来，也可以使用电路仿真软件来获得。

实验五　低通滤波器的设计与制作

一、项目背景

滤波器就是选频电路，它能使有用的频率信号通过，而对无用的频率信号进行抑制，滤波电路是应用广泛的信号处理电路。仅由无源器件（电阻、电容、电感）组成的滤波电路称为无源滤波电路，由有源器件（集成运放或晶体管）和电阻、电容等构成的滤波电路称为有源滤波电路。根据滤波器通过信号的频率范围可分为低通（LPF）、高通（HPF）、带通（BPF）、带阻（BRF）和全通（APF）滤波器。按照滤波器传递函数的极点数又可分为一阶滤波器、二阶滤波器等。

二、实验目的

1. 学习掌握无源、有源低通滤波器的设计方法。
2. 掌握由集成运算放大器组成二阶低通滤波器的工作原理及设计方法。
3. 了解电路元器件参数对滤波器性能的影响。
4. 学习了解滤波器幅频特性、相频特性的测试方法。

三、设计要求及提示

分别利用无源器件和有源器件设计低通滤波器，通过实验比较二者的优劣势。

1. 设计满足如下要求的低通滤波器电路：

① 设计制作一个二阶低通滤波器，要求 3dB 带宽为 f_L = 30kHz，尽量提高滤波器的其他重要参数，测出幅频、相频特性曲线并写出其转移函数。

② 设计制作一个无源低通滤波器，要求 3dB 通频带 0～100kHz，在 0～80kHz，通频带内增益起伏≤1dB，考虑匹配负载电阻为 50±2Ω。要求设计出滤波器电路，测试滤波器幅频、相频特性，并描绘出幅频、相频特性曲线。

③ 设计制作一个有源低通滤波器，增益为 0dB，3dB 通频带 300kHz，通频带内增益起伏≤1dB，阻带频率 1.5MHz，阻带频率处衰减 45dB。要求设计出滤波器电路，测试滤波器幅频、相频特性，并描绘出幅频、相频特性曲线。

2. 给出滤波器的设计方案（电路图、元器件参数），给出设计原理，设计方案需要有可实现性。

3. 进行实践操作，选择相应元器件，依据设计方案制作滤波器并测试。实验结束时需要展示制作出来的滤波器，并在示波器上显示滤波器的幅频响应。

四、实验报告要求

1. 实验报告记录整个实验的过程和数据，并按要求分析数据。

2. 注意数据记录要详细，给出的特性曲线不能仅是定性的结果还要有定量的数据。

3. 结合实验结果，分析有源滤波器和无源滤波器的优劣势。

五、思考题

1. 由集成运放组成的 RC 有源滤波器为什么不适合高频信号的滤波？
2. 某传感器输出的信号频率范围是 200～500Hz，经放大后发现输出信号的波形存在一定的噪声。试问应引入什么形式的滤波器可以提高信噪比？画出相应的电路图。

实验六　电压超限指示和报警电路的设计

一、项目背景

在数字电路中，经常用到 5V 直流稳压电源，如果电源电压大于 5.5V，就容易损坏器件；但如果电源电压 u_i 低于 4.5V，则达不到器件的正常工作电压，电路不能正常工作。因此，可以设计一个电路判断电源电压的高低，并实时给出声、光报警，起到提示作用。

项目设计可应用于需要使用 5V 电源的场合，作为电压超限报警电路使用。若对电路进行拓展，当电压超限时，增加一级处理电路，使电源电压自动调整到 4.5～5.5V 的范围之内，还可增加类似电源稳压器的功能。

二、实验目的

1. 学习掌握窗口比较器的设计方法。
2. 了解"555"器件的应用。
3. 了解电源稳压器的工作原理。

三、设计要求及提示

1. 设计要求

① 设计一个电压超限指示和报警电路，电压上限 U_H 为 5.5V，下限 U_L 为 4.5V，当 $4.5V \leq u_i \leq 5.5V$ 时，电压视为在正常范围内，所设计电路给出正常工作指示；超出范围，要发出报警信号。

② 电压 u_i 超出正常范围时，给出声光报警。

③（选做）设计一个稳压电路，当电源电压大于 5.5V 或低于 4.5V 时，能将电源电压自动调整到 4.5～5.5 V 的范围之内。

2. 提示

① 理论设计：提出至少三种方案，选择一种较好的方案，画出电路原理图。

② 软件仿真：在计算机上用 Workbench 或者 Multisim 软件进行电路仿真，得到仿真结果和仿真波形图。观察并记录在欠压和过压两种情况下的电路输出波形。

③ 电路搭接与调试：建议连接一级电路，测试结果正确后，再连接下一级电路。这样一旦电路出错，方便查找故障，节省实验时间。在完成整体电路搭接后，则测试电路整体功能与指标。如有问题，则查找各级电路的配合，直到满足设计要求为止。在实验中观察并记录电压在正常、欠压和过压情况下的指示、报警信号是否正确。

④ 根据项目要求，需要判断电压是否在正常范围，有两种方法：一种是利用运放和二极管构成窗口比较器，另一种是直接用双电压比较器 LM393 来实现。在控制指示灯的亮灭和报警声音时，建议使用"555"定时器构成多谐振荡器电路，产生便于观察的声光信号。用一个频率较低的振荡器去控制一个频率较高的振荡器，从而产生断续声音。这时要根据振荡频率计算出"555"定时器构成的振荡器电路的外围元器件的参数值。电路框图如图 5.17 所示。

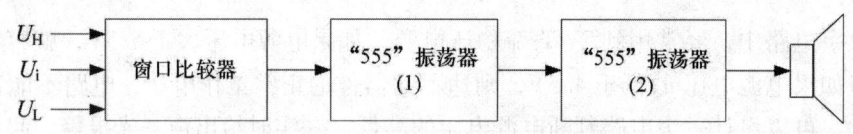

图 5.17　报警电路设计框图

四、实验报告要求

1. 包含电路设计过程、仿真分析、实验调试过程、实验结果和实验总结分析。
2. 对于扩展功能应查阅资料，提出设计方案，可用仿真的形式完成设计。

实验七　基于 LabVIEW 的虚拟数字万用表的设计

一、项目背景

LabVIEW 程序又称为虚拟仪器（Virtual Instrument），它的表现形式和功能类似于实际的仪器，但 LabVIEW 程序很容易改变其设置和功能，"软件即是仪器"是其核心思想，因此，LabVIEW 特别适用于实验室、多品种小批量的生产线等需要经常改变仪器和设备参数及功能的场合。自 1986 年虚拟仪器技术问世以来，世界各国的科学家和工程师们已将 LabVIEW 图形化开发工具用于产品设计周期的各个环节。

二、实验目的

通过这个项目设计，将 LabVIEW 引入实验教学，拓展学生的知识面，使学生能融会贯通其所学的模拟电子技术、数字电路与逻辑设计、数字信号处理和电子线路设计实验等课程的基本原理和基本分析方法，开阔思路，学会运用新理论、新知识、新技术、新方法解决问题，进一步把书本知识与工程实际需要结合起来，实现知识向技能的转化，提高工程设计能力与创新能力。

三、设计要求及提示

1. 设计要求

以 LabVIEW 可视化图形编程开发环境为平台，采用数据采集卡（如声卡）作为数据的采集通道，进行虚拟数字万用表的系统设计，实现交直流电压测量（包括波形显示，交流信号频率、峰峰值显示）及电阻、电容值测量。具体实现功能要求如下：

① 直流电压测量，挡位设置：$0.1 \sim 1V$、$1 \sim 10V$、$10 \sim 100V$。
② 交流电压测量，挡位设置：$0.1 \sim 1V$、$1 \sim 10V$、$10V$ 以上。
③ 电容测量，挡位设置：$1000pF$、$0.01\mu F$、$0.1\mu F$、$1\mu F$、$10\mu F$。
④ 电阻测量，挡位设置：100Ω、$1k\Omega$、$10k\Omega$、$100k\Omega$、$1M\Omega$、$10M\Omega$。
⑤ 扩展功能：三极管 β 值的测量。

2. 提示

本系统具体实现分为硬件电路设计和软件程序设计两个部分，最后通过电路设计、焊接制作、软硬件调试和性能指标测试完成项目。

① 结合数据采集卡特点进行硬件电路设计，并采用 PSpice 等仿真软件对电路进行计算机模拟仿真，选取最佳设计参数。
② 电容测量电路设计。
③ 直流电压、电阻测量电路设计。
④ 交流电压测量电路。
⑤ LabVIEW 程序设计，在 LabVIEW 平台上设计各功能程序模块，对声卡采集的模拟信号完成一系列复杂数据的处理，如量程转换、计算、分析和显示等。
⑥ 硬件电路设计原理。

如果选择声卡作为采集设备，其信号是音频信号，且幅值受到一定限制，在电阻、电容和直流电压测量时就需根据此特点，将信号转变至声卡能采集的范围内；同时采集交流电压信号时需考虑其幅值范围。在此前提下，给学生以更大的设计空间，使其结合所学的电工电子知识自由设计。软件设计框图如图 5.18 所示。

四、实验报告要求

在实验报告中说明设计思路、仿真结果、实验调试过程和结果以及实验总结分析。并总结基于 LabVIEW 平台完成虚拟仪器设计的优势。

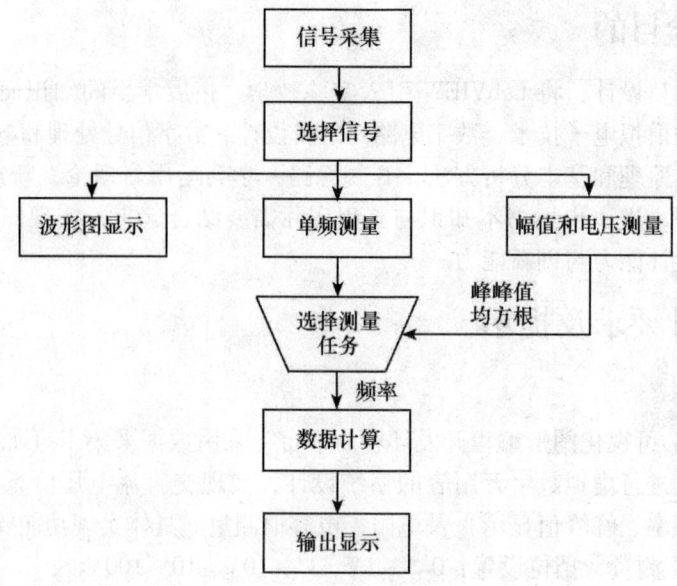

图 5.18 软件设计流程图

实验八 数模转换器的设计

一、项目背景

由于数字电子技术的迅速发展,尤其是计算机在自动控制、自动检测以及其他许多领域中的广泛应用,用数字电路处理模拟信号的情况也更加普遍。

为了能够使用数字电路处理模拟信号,必须把模拟信号转换成相应的数字信号,才能送入数字系统(例如计算机)进行处理。同时,往往还要求把处理后得到的数字信号再转换成相应的模拟信号,作为最后的输出。把前一种从模拟信号到数字信号的转换称为模-数(A/D)转换,把后一种从数字信号到模拟信号的转换称为数-模(D/A)转换。同时,把实现 A/D 转换的电路称为模数转换器(ADC),把实现 D/A 转换的电路称为数模转换器(DAC)。

可见,数模转换器是一种非常实用的电路。同时,在很多情况下,它还是构成模数转换器的基本单元。

二、实验目的

1. 了解数模转换器的工作原理和设计方法。
2. 了解不同种类的数模转换器的特点。

三、设计要求及提示

1. 设计要求

设计一个数模转换电路，以 4 位二进制数字信号（可以用开关的通断来模拟）作为输入，通过电路将其转换为对应的模拟电压。

2. 提示

常用的数模转换电路（D/A 转换器）包括以下类型：

（1）T 型电阻网络 D/A 转换器

T 型电阻网络 D/A 转换电路如图 5.19 所示，对该电路的分析可以采用叠加法。可以证明，当只有开关 K_0 与 V_{REF} 接通时，$U_o = V_{REF}/24$；当只有开关 K_1 与 V_{REF} 接通时，$U_o = V_{REF}/12$；当只有开关 K_2 与 V_{REF} 接通时，$U_o = V_{REF}/6$；当只有开关 K_3 与 V_{REF} 接通时，$U_o = V_{REF}/3$；当所有开关都与 V_{REF} 接通时，$U_o = 15 \cdot V_{REF}/24$。因此，当选择 $V_{REF} = 24V$ 时，输出电压 U_o 将在 0～15V 之间变化。图中所示 $d_3d_2d_1d_0 = 0101$，对应的输出电压为 $U_o = 5 \cdot V_{REF}/24$。

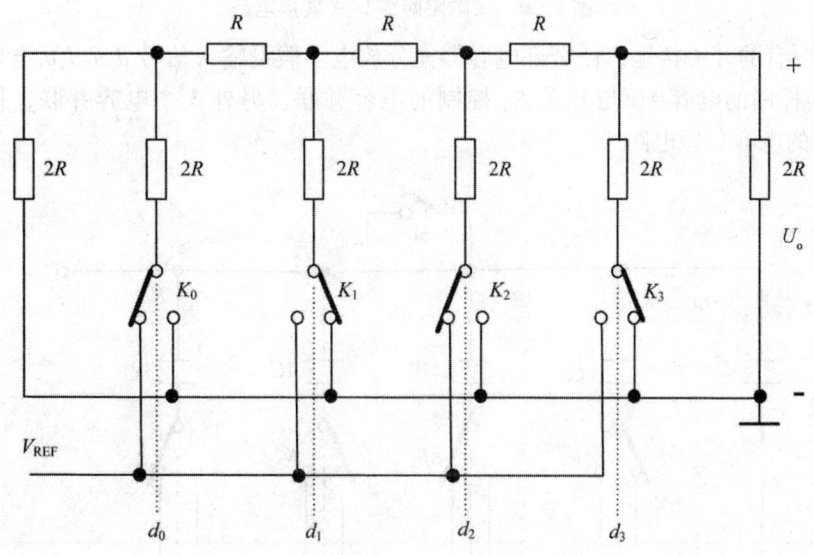

图 5.19 T 型电阻网格 D/A 转换电路

（2）权电阻网络 D/A 转换器

对该电路的分析可以采用节点电压法。如图 5.20 所示，可列出节点电压方程为

$$\left(\frac{1}{8R} + \frac{1}{4R} + \frac{1}{2R} + \frac{1}{R}\right)U_o = \left(\frac{d_0}{8R} + \frac{d_1}{4R} + \frac{d_2}{2R} + \frac{d_3}{R}\right)V_{REF}$$

因此，当选择 $V_{REF} = 15V$ 时，输出电压 U_o 将在 0～15V 之间变化。图中所示 $d_3d_2d_1d_0 = 0101$，对应的输出电压为 $U_o = 5 \cdot V_{REF}/15$。

（3）权电容网络 D/A 转换器

权电容网络 D/A 转换电路如图 5.21 所示，是利用电容分压的原理工作的。转换开

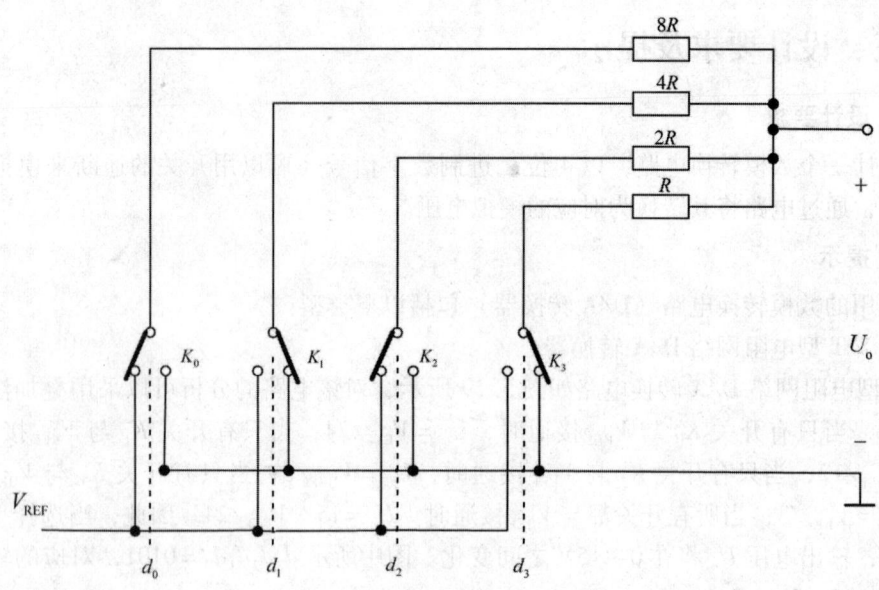

图 5.20 权电阻网络 D/A 转换电路

始前,将所有的开关接地,使全部电容器充分放电。假设输入信号 $d_3d_2d_1d_0=0101$,则开关 K_2 与控制的电容 $4C$ 与开关 K_0 控制的电容并联,另外 3 个电容并联,构成如图 5.22 所示的电容分压电路。

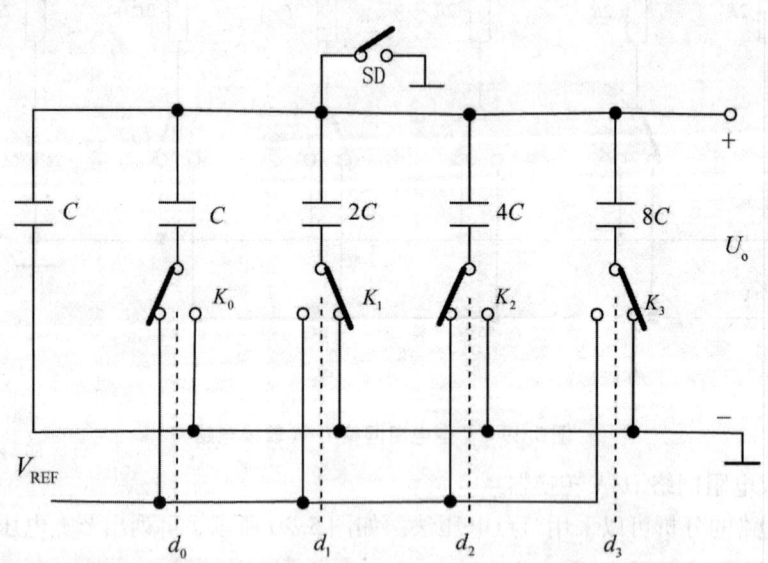

图 5.21 权电容网络 D/A 转换电路

从图 5.22 可以看出,此时的输出电压

$$U_o = \frac{C+4C}{(C+4C)+(C+2C+8C)}V_{REF} = \frac{5}{16}V_{REF}$$

根据同样的道理,可以得出输入为任意信号时输出电压的一般表达式:

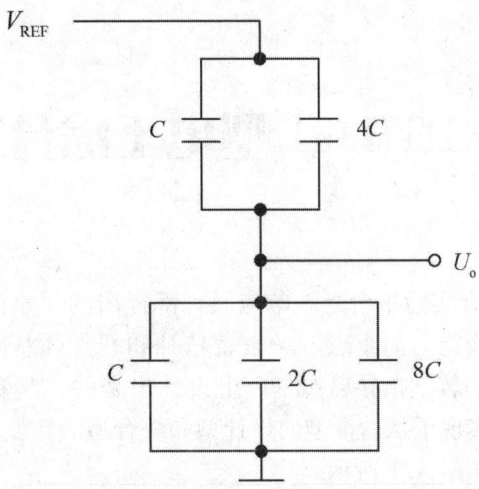

图 5.22 输入信号 $d_3d_2d_1d_0=0101$ 时的电容分压电路

$$U_o = \frac{d_3 \cdot 8C + d_2 \cdot 4C + d_1 \cdot 2C + d_0}{16C} \cdot V_{REF} = \frac{8d_3 + 4d_2 + 2d_1 + d_0}{16} V_{REF}$$

其他数模转换器电路还包括倒 T 型电阻网络 D/A 转换器、双级权电阻网络 D/A 转换器、权电流型 D/A 转换器、开关树型 D/A 转换器、具有双极性输出的 D/A 转换器等。

四、实验报告要求

1. 提交的设计报告中需要有设计思路、方法、过程和结果以及仿真文档。
2. 有详细的实验过程和结果。
3. 针对所设计的模数转换器，具体说明提高转换精度和转换速度的方法。

附录 A KDTH-1 型电工综合实验平台

KDTH-1 型电工综合实验平台是在响应教育部提出的"全面推进素质教育，以培养学生的创新精神和实践能力为重点"的教育精神和"加强基础、淡化专业、拓宽知识面、注重工程实践"的教学指导思想基础上设计出来的，改变了过去基于实验模块的实验模式，在硬件上实现了从验证型向设计型和综合型的转变，大大提高了学生的动手动脑能力，实验平台如图 A.1 所示。

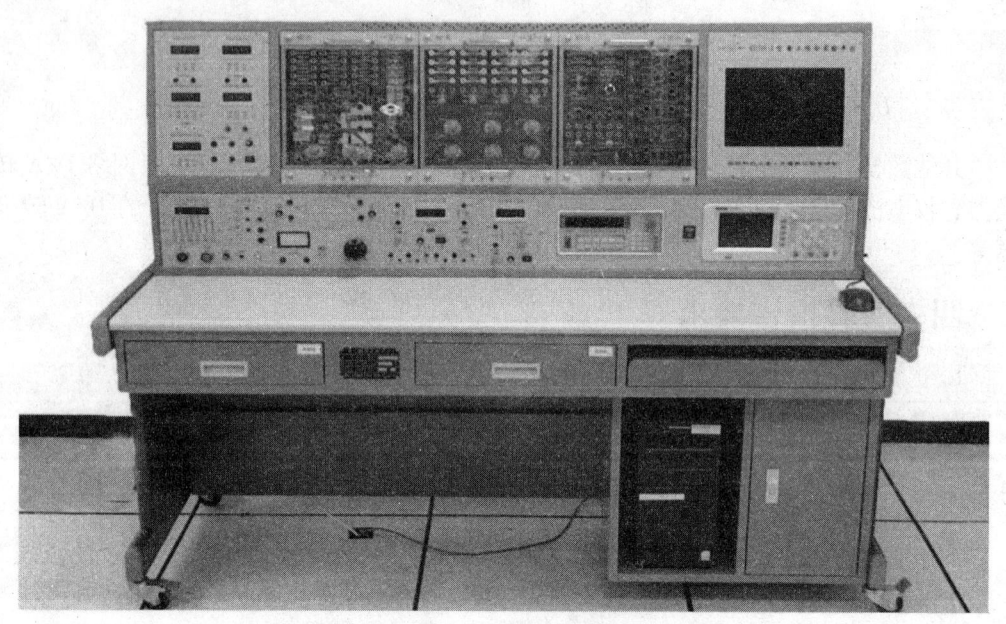

图 A.1 KDTH-1 型电工综合实验平台

KDTH-1 型电工综合实验平台具有以下几个特点：

1. 实验平台将实验元件、各种实验源、实验仪表、示波器、计算机集成于一体分区放置，如图 A.2 所示。这种设计有两大好处：一是管理方便，二是安全。实验平台在设计时做了多方面的安全保护，这样就为全开放的自主实验提供了很好的支撑。

2. 实验区的元素不再是单元实验模块而是单个的分立元件，像电阻、电容、电感、非线性器件、受控源等，且都提供了丰富的选择空间，这一改进极大地增强了平台的使用灵活性，为设计性、综合性实验的开展奠定了很好的硬件基础。

3. 实验区采用透明的面板结构，学生在实验过程中，可以很直观地了解所使用的实验元器件，这种设计将认知和实验有机地结合起来，实验过程更加形象化，实验区的面板结构如图 A.3 所示。

附录 A KDTH-1 型电工综合实验平台

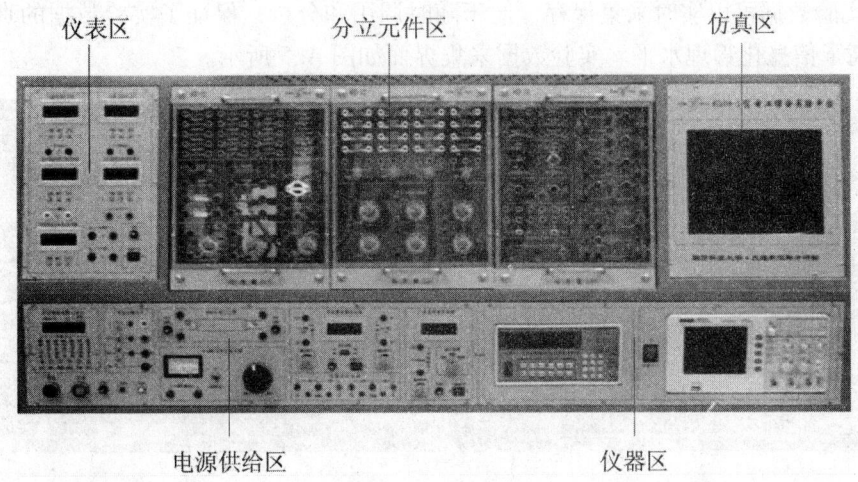

图 A.2 集成的实验平台

图 A.3 透明的面板结构

4. 实验方法虚实结合，实验平台配备了计算机和相关的仿真软件，学生可以选择先进行虚拟仿真实验，然后再进行实际操作，两种方法的合理使用可以提高学生实际操作的质量和效率，帮助学生辨别实验结果的真伪，如图 A.4 所示。

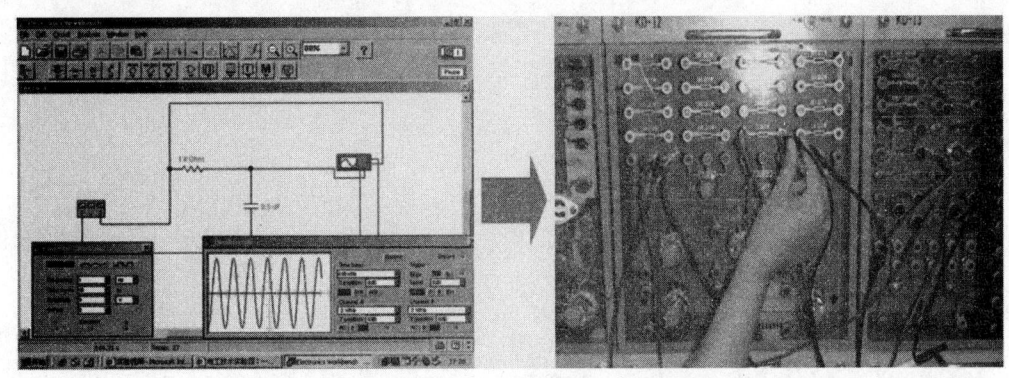

图 A.4 虚实结合的实验环境

5. 实验数据可以实时采集保存，便于随时调用和分析，保证了实验数据的真实性，同时提高了信息化管理水平。实验数据采集界面如图 A.5 所示。

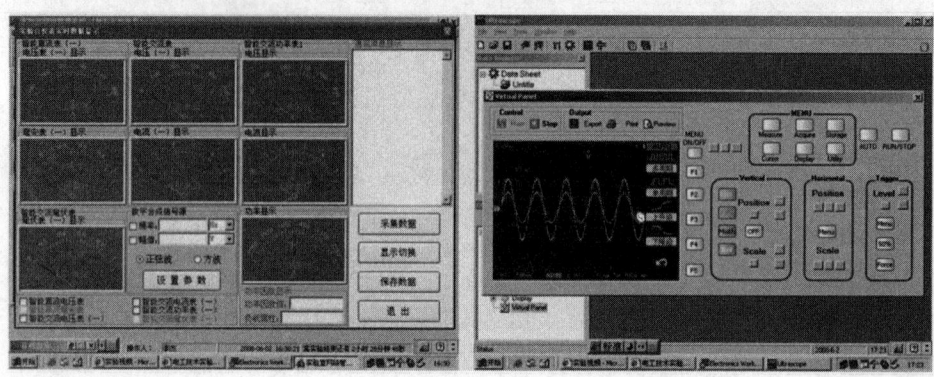

图 A.5　实验数据采集界面

附录 B 常用电工元件与设备

一、电阻器

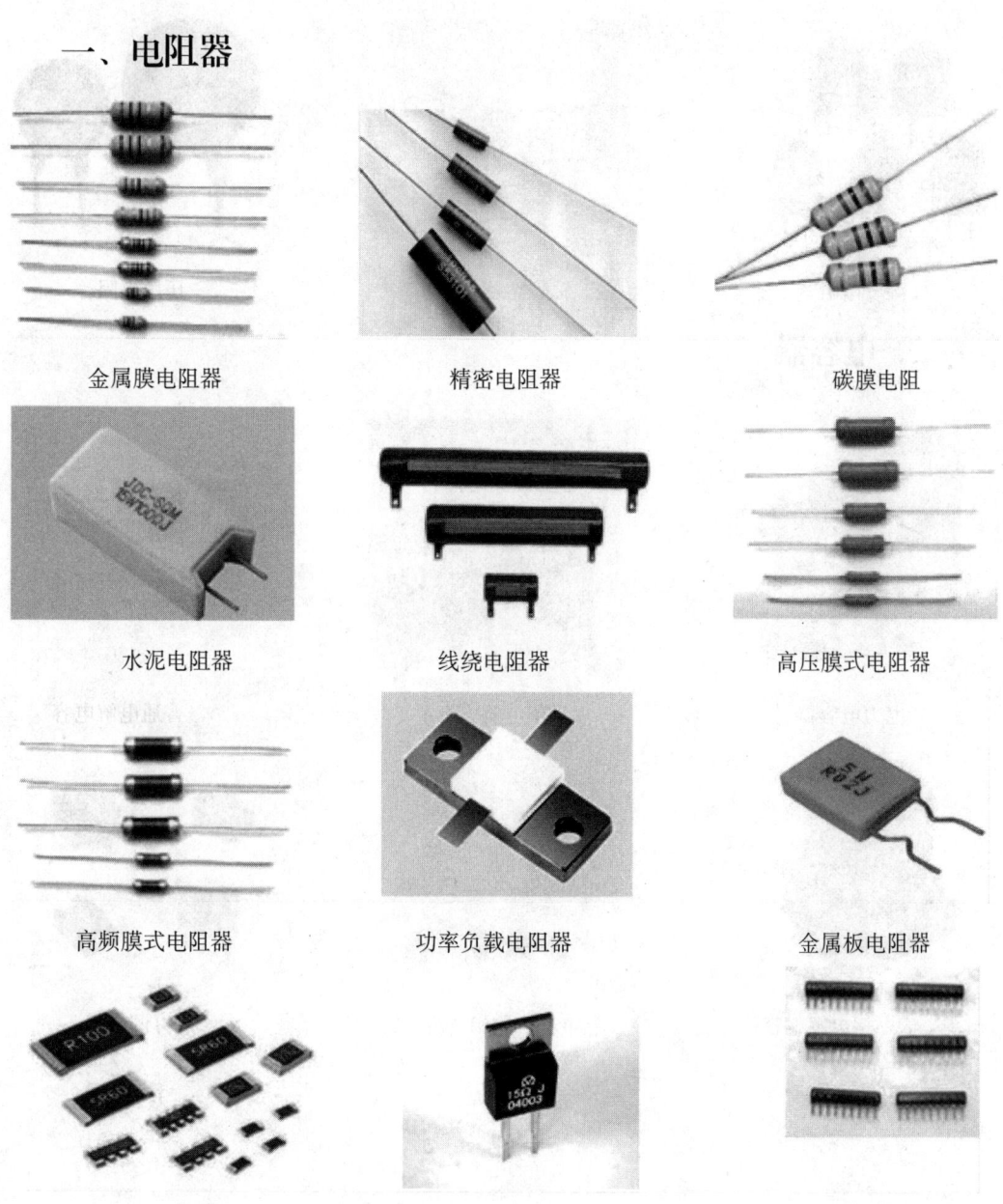

金属膜电阻器　　精密电阻器　　碳膜电阻

水泥电阻器　　线绕电阻器　　高压膜式电阻器

高频膜式电阻器　　功率负载电阻器　　金属板电阻器

贴片电阻器　　功率型塑封电阻器　　电阻网络

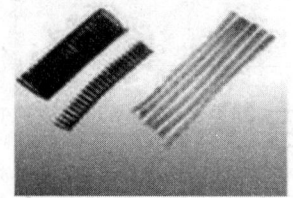  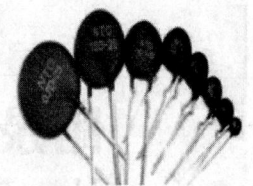

电阻丝　　　　　　　厚膜网络电阻　　　　　　热敏电阻

湿敏电阻　　　　　　光敏电阻　　　　　　　压敏电阻

二、电容器

  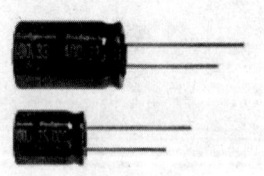

电力电容器　　　　　大型铝电解电容　　　　　普通电解电容

表贴铝电解电容　　　导电聚合物铝电解电容　　　可调电容

纸质电容

涤纶电容
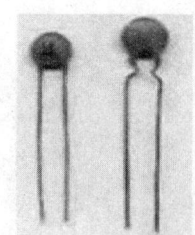
陶瓷电容

聚丙烯膜电容
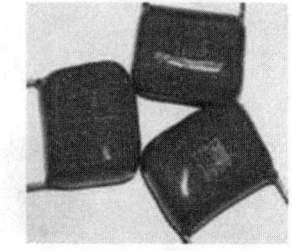
金属膜电容
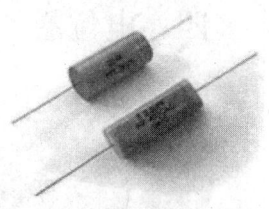
聚苯乙烯电容

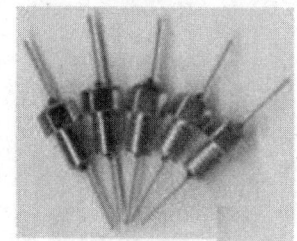
穿心电容

独石电容
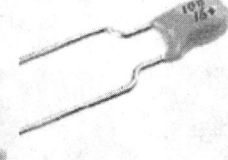
钽电容

片状电容

三、电感器

棒型电感

环形电感
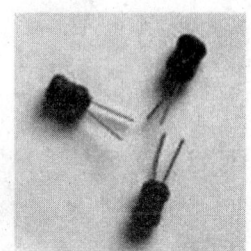
环氧树脂电感

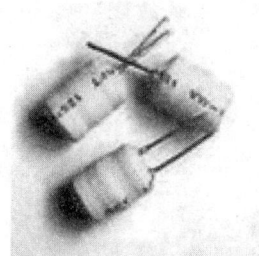
扼流工型电感

共模滤波电感

功率电感

绕线电感　　　　　绕线贴片电感　　　　叠层式贴片电感

四、电位器

导电塑料电位器　　　玻璃釉预调电位器　　　精密电位器

碳膜电位器　　　　　微调电位器　　　　　线绕电位器

五、变压器

电源变压器　　　　　控制变压器　　　　　自耦变压器

电压转换变压器

三相干式变压器

油浸式电力变压器

音频变压器

三相整流变压器

六、互感器

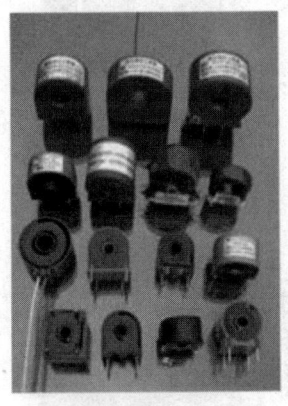
穿心式微型电流互感器

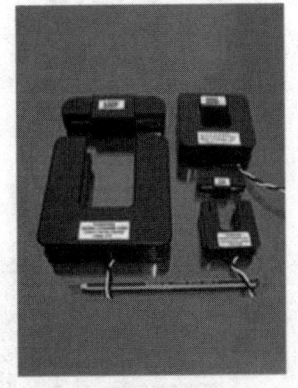
开合式电流互感器

油浸式电流互感器

干式组合互感器

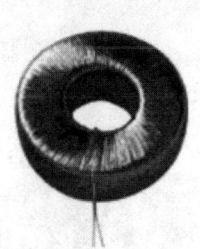
零序电流互感器

油浸式二相电压互感器

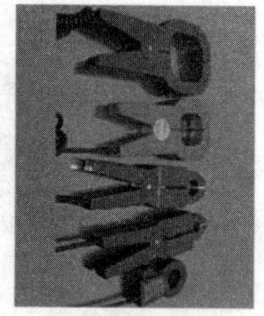  

钳形电流互感器　　　　　微型电压互感器　　　　　仪用电流互感器

七、调压器

单相接触式调压器　　　　三相接触式调压器　　　　感应调压器

八、稳压器

单相交流稳压器　　　　　家用稳压器　　　　　　　电力稳压器

九、电源

电池　　　　　　　　　　直流稳压电源　　　　　　电流源

十、电机

直流无刷电机

交流伺服电机

同步电机

绕线式感应电动机

鼠笼式感应电动机

步进电机

十一、其他

UPS电源

电磁感应加热器

充电机

可编程控制器

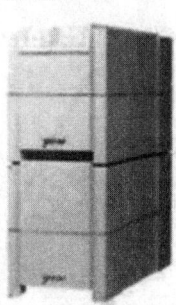
逆变器

 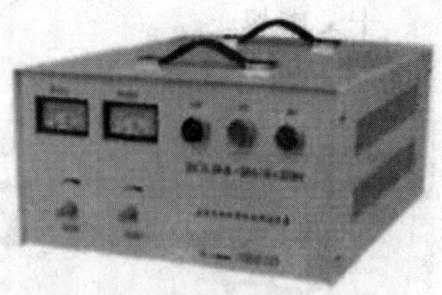

微机直流屏　　　　　　　　直流电机调速器

附录 C 电阻、电容的辨识

电阻器、电容器的标称值应符合下表所列数值之一，或再乘以 10^n 倍（n 为正整数或负整数），其误差也已列入表 C.1 中。

表 C.1 标称值误差表

标称值系列	误差	标 称 值
E24	±5%	1.0, 1.1, 1.2, 1.4, 1.5, 1.6, 1.8, 2.0, 2.2, 2.4, 2.7, 3.0, 3.3, 3.6, 3.9, 4.3, 4.7, 5.1, 5.6, 6.2, 6.8, 7.5, 8.2, 9.1
E12	±10%	1.0, 1.2, 1.5, 1.8, 2.2, 2.7, 3.3, 3.9, 4.7, 5.6, 6.8, 8.2
E6	±20%	1.0, 1.5, 2.2, 3.3, 4.7, 5.6

说明：1. 非线绕的电阻器的额定功率有 1W、1/2W、1/4W、1/8W、1/16W 等。
   2. 云母电容器（CY）的容量范围为 51pF ~ 1000pF。
   3. 瓷介电容器（CC）的容量范围为 2pF ~ 0.047μF。
   4. 小型涤纶电容器（CLX）的容量范围为 1000pF ~ 0.47μF。
   5. 小型聚苯乙烯电容器（CBX）的容量范围为 3pF ~ 0.01μF。
   6. 纸介电容器（CZ）的容量范围为 0.01μF ~ 10000μF。
   7. 电解电容器（CD）的容量范围为 1μF ~ 5000μF。
   8. 电容器在工作时不应超过额定的工作电压。

一、色环电阻的辨识

色环电阻一般有四道色环或五道色环，色标左右排列。左边第 1、2 色环表示阻值的第 1、2 位，第 3 色环表示二位数字再乘以 10^n，第 4 色环表示允许误差。若为五道色环的电阻，则左边第 1、2、3 色环表示阻值的第 1、2、3 位，第 4 色环表示二位数字再乘以 10^n，第 5 色环表示允许误差。色标法中各种颜色所代表的数值如表 C.2 所示：

表 C.2 色标法中各颜色所代表数值

	银	金	黑	棕	红	橙	黄	绿	蓝	紫	灰	白
有效数字	–	–	0	1	2	3	4	5	6	7	8	9
倍率	10^{-2}	10^{-1}	10^0	10^1	10^2	10^3	10^4	10^5	10^6	10^7	–	–
允许误差/%	±10	±5	–	±1	±2	–	–	±0.5	±0.2	±0.1	–	–

例如，一个具有四道色环的电阻如图 C.1 所示，当四道色环的颜色分别为黄、紫、橙、银时，表示该电阻的大小为 47kΩ ±10%；当四道色环的颜色分别为绿、棕、黑、金时，表示该电阻的大小为 51Ω ±5%。

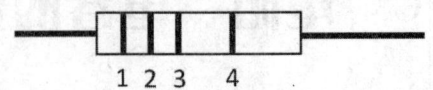

图 C.1　四道色环电阻

二、电容的辨识

电容按照是否区分正、负极分为有极性电容和无极性电容两大类。最常见的有极性电容是电解电容，由于体积相对较大，其容量直接标在电容的外壳上，一般在 1μF 以上，同时还标出其耐压值，如 16V、25V 等，表示电容两端容许承受的最高电压，在使用时如果超过这一数值，电容就可能发生爆炸。在容量相等的情况下，一般耐压值越高，电容的体积就越大。

无极性电容的容量一般在 1μF 以下，由于体积相对较小，其容量一般采用三位数字进行标注，其中前两位数字表示容量的第 1、2 位，第 3 位数字表示二位数字再乘以 10^n，单位是 pF。

例如，标注为 102 的电容表示其容量为 10×10^2 pF，即 1000pF；标注为 333 的电容表示其容量为 33×10^3 pF，即 0.033μF；标注为 474 的电容表示其容量为 47×10^4 pF，即 0.47μF。

参考文献

[1] 潘孟春,李季,唐莺,等.电工与电路基础[M].北京:电子工业出版社,2016.

[2] 孟祥贵,陈棣湘,张琦,等.电工技术实践教程[M].长沙:国防科技大学出版社,2008.

[3] 胡仁杰.电工电子创新实验[M].北京:高等教育出版社,2010.

[4] 龚秋英.电工基础实验[M].南京:东南大学出版社,2012.

[5] 于维顺.电路与电子技术实践教程[M].南京:东南大学出版社,2013.

[6] 刘玉成.电路原理实验教程[M].北京:清华大学出版社,2014.

[7] 郭宇锋,成谢锋.电工电子实验技术[M].北京:人民邮电出版社,2014.

[8] 杨风.大学基础电路实验[M].北京:国防工业出版社,2013.

[9] 高岩,养雪琴,文跃,等.基础电路实验教程[M].北京:清华大学出版社,2014.

[10] 邹其洪.电工电子实验与计算机仿真[M].北京:电子工业出版社,2012.

[11] 廖英杰,许勤.电工电子实验指导[M].北京:中国电力出版社,2014.

[12] 李学明.电路分析仿真实验教程[M].北京:清华大学出版社,2014.

[13] 林育兹.电工学实验[M].北京:高等教育出版社,2010.

[14] 王瑞,何平,冯玉田.电子电工仿真实验技术[M].北京:清华大学出版社,2014.

[15] 北京大学电子信息科学基础实验中心.电子信息实验教学内容体系[M].北京:北京大学出版社,2012.

[16] 沈一骑,孔令红.电路与电工原理研究性实验教程[M].南京:南京大学出版社,2012.

[17] 曹泰斌.电工电子技术试验[M].北京:清华大学出版社,2012.

[18] 熊幸明,张跃勤.电工电子实验教程[M].北京:清华大学出版社,2013.

[19] 吕曙东,孙宏国.电工电子实验技术[M].南京:东南大学出版社,2013.

[20] 吴根忠,李剑清,顾伟驷,等.电工学实验教程[M].北京:清华大学出版社,2014.

[21] 郭建江.电工电子实验应用教程[M].南京:东南大学出版社,2015.

[22] 王英,曾欣荣.电工技术实验教程[M].成都:西南交通大学出版社,2014.